现代服装设计及其方法研究

王 帅◎著

线装書局

图书在版编目（CIP）数据

现代服装设计及其方法研究/王帅著.--北京：线装
书局，2023.9
ISBN 978-7-5120-5685-5

Ⅰ.①现… Ⅱ.①王… Ⅲ.①服装设计—研究
Ⅳ.①TS941.2

中国国家版本馆 CIP 数据核字(2023)第 171729 号

现代服装设计及其方法研究
XIANDAI FUZHUANG SHEJI JIQI FANGFA YANJIU

作　　者：王　帅
责任编辑：林　菲
出版发行：线裝書局
　　　　　地　　址：北京市丰台区方庄日月天地大厦 B 座 17 层（100078）
　　　　　电　　话：010-58077126（发行部）010-58076938（总编室）
　　　　　网　　址：www.zgxzsj.com
经　　销：新华书店
印　　制：北京四海锦诚印刷技术有限公司
开　　本：787mm×1092mm　1/16
印　　张：11.5
字　　数：223千字
版　　次：2023年9月第1版第1次印刷
定　　价：78.00 元

线装书局官方微信

前　　言

随着社会的不断变迁和个人审美观的多样化，现代服装设计正经历着前所未有的创新和挑战，它不仅涉及外观和美感，更关注着功能性、可持续性和用户体验等方面。设计师们需要在追求时尚与独特性的同时，考虑到穿着者的舒适感和需求，以及对环境的影响。因此，掌握现代服装设计的方法变得尤为重要。

基于此，笔者以"现代服装设计及其方法研究"为题，首先分析服装与服装设计、服装设计的起源与发展、服装设计的作用与要求、服装设计的构思与形式美法则；其次探讨现代服装的款式设计与方法、现代服装的色彩设计与方法、服装的图案设计及其创新方法、服装造型设计运用与创意方法、服装面料的再造设计及其创新方法；最后对服装设计创新方法进行深层次研究。

本书具有以下特点：

第一，全面而深入的内容：本书涵盖了现代服装设计的各个方面，从创意发想到成衣生产的整个过程。无论是初学者还是有经验的设计师都能从中获取到丰富的知识和实用的方法。

第二，结合理论和实践：本书不仅讲解了服装设计的理论知识，还提供了大量的案例分析，使读者能够将理论运用到实际的设计中。通过实践的训练，读者将能够得到更深入的理解和技能提升。

第三，强调技术应用：现代技术在服装设计中发挥着越来越重要的作用。本书特别关注 3D 打印技术、仿生方法等方面的应用，帮助读者掌握最新的设计工具和方法。

第四，关注可持续性和环保：现代社会对于可持续发展和环境保护的重视日益增加，服装设计也不例外。本书强调了可持续性的概念和实践，探讨了如何选择环保材料和采用环保工艺，以及如何在设计中考虑生命周期和循环利用等因素。

笔者在撰写本书的过程中，得到了许多专家学者的帮助和指导，在此表示诚挚的谢意。由于笔者水平有限，加之时间仓促，书中所涉及的内容难免有疏漏之处，希望各位读者多提宝贵意见，以便笔者进一步修改，使之更加完善。

目　　录

第一章　服装设计的理论审视

第一节　服装与服装设计

一、服装的类型与要素分析

服装是生活中必不可少的必需品，是人类文明发展的需要，也是最原始的人类艺术创作物。在"衣、食、住、行"这些人类生存条件中，"衣"当仁不让地位列第一，足见其重要性。从学术角度出发来给服装下定义，其基本概念具有广义与狭义之分。广义的服装是指"一切可以用来装饰身体的物品，泛指穿在身上遮蔽身体和御寒的东西"①，一般是指衣服鞋帽和一切装束的总称，包括用来遮挡躯干、四肢的物品，还包括保护和装饰人体的鞋、帽等配件。这个广义的范围是比较大的，除了衣物之外，还包括鞋子、帽子、包袋、首饰、眼镜、袜子、香水、雨伞等一切与着装人相关的物品。因此，从这一角度上理解，任何一种与人体发生关联的物品都可以理解为服装．或者说成为服装的一部分。狭义的服装是指用织物等面料制成的穿戴于人体上的生活用品，是人们日常生活中不可或缺的重要部分。

（一）服装的基本类型

第一，按性别分类有男装、女装。

第二，按年龄分类有婴儿服、儿童服、成人服。

第三，按民族分类有我国民族服装和外国民族服装，如汉族服装、蒙古族服装、墨西哥服装、印第安服装等。

第四，按特殊功用分类有耐热的消防服、高温作业服、不透水的潜水服、高空穿着的飞行服、宇航服、登山穿着的登山服等。

---

① 许岩桂，周开颜，王晖. 服装设计 ［M］. 北京：中国纺织出版社，2018：2.

第五，按服装的厚薄和衬垫材料不同来分类有单衣类、夹衣类、棉衣类、羽绒服、丝棉服等。

第六，按用途分类分为内衣和外衣两大类。内衣紧贴人体，起护体、保暖、整形的作用；外衣则由于穿着场所不同，用途各异，品种类别很多。又可分为：社交服、日常服、职业服、运动服、室内服、舞台服等。

第七，按服装面料与工艺制作分类，可分为中式服装、西式服装、刺绣服装、呢绒服装、丝绸服装、棉布服装、毛皮服装、针织服装、羽绒服装等。

第八，按风格分类，可分为经典风格、前卫风格、运动风格、休闲风格、时尚风格、田园风格、淑女风格、民族风格、朋克风格、洛丽塔风格、街头风格、简约风格、波希米亚风格、欧美风格等。

（二）服装的构成要素

了解构成服装的要素，特别是构成服装的最基本要素，是研究和解决服装相关理论的首要问题，并且需要厘清它们之间的关系。影响服装面貌的因素有很多，例如人、历史、道德、法律、地理、气候、经济等物质和精神的因素都可能成为引起服装变化的原因。构成服装的要素无时不在、无处不在，而可以被称为服装的核心构成要素是由设计、材料和制作这三大要素组成。

1. 设计要素

设计是服装产生的第一步骤，离开了设计，服装则处于无形无色的朦胧状态。服装设计包括两部分内容：服装造型设计和服装色彩设计。服装造型设计构成服装的廓形和细节样式，为选择服装材料的质地和服装制作的工艺提供最有效的依据。服装色彩设计体现服装的色彩面貌，为服装材料表面肌理和图案的色彩效果确定设计意向。造型与色彩唇齿相依，在服装设计中，造型设计占重要位置，没有造型的色彩是无法存在的。当某一色彩非常鲜明、响亮、饱和时，其色彩形象能首先映入观者的眼帘，使观者先见其色、后观其形；当某一色彩灰暗柔弱时，要先见其色，再见其形就很难了，观者的注意力首先会放在能引起其视觉兴趣的造型上。在设计的过程中既可以先进行造型设计再配合适宜的色彩，也可以先提出色彩方案再配合适宜的造型。对两种程序的选择可由设计师的工作习惯和客观条件决定。需要注意的是，造型和色彩的表现既可相互加强，也可相互减弱。

2. 材料要素

材料是服装的物质载体，是赖以体现设计思想的物质基础和服装制作的客观对象。缺少了材料，设计仅仅是一纸"空图"。高新技术的发展不断推出服装材料的换代产品，刺激着设计灵感，改变着服装外观，为其设计提供了更宽广的表现天地。服装材料又分为服装面料和服装辅料。面料是服装的最表层材料，决定了服装质地的外观效果。辅料是配合面料共同完成服装的物质形态的材料，是保证服装内在质量和细节表现的幕后英雄。虽然面料因其所占位置比较突出而显得更为重要，然而，品种繁多、阵容庞大且各具功能的辅料是绝对不能忽视的重要角色。面料和辅料都存在着品质与流行的问题，品质选择越好，服装成品质量越高。当然，前提是服装材料的选择必须与设计意图相吻合，否则会有事倍功半之虞。

3. 制作要素

制作是将设计意图和服装材料组合成实物状态的服装的加工过程，是服装产生的最后步骤。没有制作的参与，设计和材料都处于分散状态，不可能成为服装。制作包括两个方面：一是服装结构，也称结构设计，是对设计意图的解析，决定着服装裁剪的合理性。服装的一些物理功能上的要求往往通过严格的结构设计得以实现。二是服装工艺，是借助于手工或机械将服装裁片结合起来的缝制过程，决定着服装成品的质量。结构与工艺的关系是相辅相成的。一般而言，准确的服装结构是准确缝制的前提，精致的服装工艺是演绎结构的保证。不管多么完美精准的结构，如果遇到水平低劣的粗制滥造，服装成品的效果就会面目全非。同样，不管多么精美绝伦的工艺也无法挽救错误严重的结构。对于常见而普通的款式来说，由于结构一般不会出现太大毛病，工艺就显得特别重要，高水准的工艺师常常可以在制作过程中修正一些较小的结构错误。制作是表现服装设计意图的最后一道关卡。因此，在服装界有"三分裁剪七分做"的说法。此说虽不全面，却有一定道理。

二、服装设计的内涵与特征

(一) 服装设计的内涵

设计是指一种创造前所未有的形式和内容的思维和物化的过程。从现代设计的特征来看，它是一种通过人类思维活动，在科学方法的指导下，对需要解决的问题提出多种形式的规划、设想和方案，直至最终解决问题的过程。就服装的设计来说，是指为了某一种用途提出的独特创意，进而把脑中的构思具体表现出来。具体而言，就是以面料做素材，以人体为对象，塑造出美的作品。

"服装设计是一种对人的整体着装状态的设计；是运用美的规律，将设计构想以绘画形式表现出来，并选择适当的材料，通过相应的技术制作手段将其物化的创造性的行为；

是一种视觉的、非语言信息传达的设计艺术。服装设计的对象是人，设计的产品是服装及服饰品。服装设计属于产品设计的范畴。从空间角度看，它属于三维立体设计，包含多方面内容：既有关于设计对象——人的内容，也有关于设计产品——服装的内容，还有关于设计传达——设计信息的内容。"①

总体而言，服装设计是运用一定的思维形式、美学规律和设计程序，将其设计构思以绘画的手段表现出来，并选择适当的材料，通过相应的裁剪方法和缝制工艺，使设想进一步实物化的过程。每一件成功的服装作品，不仅要表达出表象的色彩与造型，也要完整地表现内部的工艺及装饰表现方法。因此，服装设计不仅局限于时装效果图的表达，还要对衣服的外形、分割线、制作工艺等进行统筹规划，使服装达到最完美的效果。

1. 服装设计的要素

造型、色彩、材质是服装设计的三大要素。

（1）造型。服装的造型可分为外造型和内造型，外造型主要是指服装的轮廓，内造型指服装内部的款式组合，包括结构线、省道、领型、袋型，等等。服装的外造型是设计的主体，内造型设计要符合整体外观的风格特征，内、外造型应相辅相成。要避免抛开外造型风格一味追求内造型的精雕细刻，因为这将会起到喧宾夺主的反面作用。

（2）色彩。人对颜色的敏感度远远超过对形的敏感度，因此色彩在服装设计中的地位是至关重要的。在服装设计中对于色彩的选择与搭配要充分考虑到不同对象的年龄、性格、修养、兴趣与气质等相关因素，还要考虑到在不同的社会、政治、经济、文化、艺术、风俗和传统生活习惯的影响下人们对色彩的不同情感反应。服装的色彩设计应该是有针对性的定位设计。

在设计中，色彩的搭配组合的形式直接关系到服装整体风格的塑造。设计师可以采用一组纯度较高的对比色组合来表达热情奔放的热带风情；也可通过一组彩度较低的同类色组合体现服装典雅质朴的格调。此外，色彩是富有鲜明的时代感和时髦性的。在现代服装设计中，流行色的应用更为广泛，新潮款式和流行色彩的结合日益密切。因此，设计师只有仔细分析研究流行色周期的规律，掌握流行时机，及时推出符合人们审美要求的新潮服装，才能扩大市场销售。

（3）材质。材质，即面料，是服装制作的材料，可分为纤维制品、皮革裘皮制品和其他制品三大类别。服装设计要取得良好的效果，必须充分发挥面料的性能和特色，使面料特点与服装造型、风格完美结合，相得益彰。因此了解不同面料的外观和性能的基本知

---

① 冯利，刘晓刚. 服装设计概论 [M]. 上海：东华大学出版社，2015：35.

识，如肌理织纹、图案、塑形性、悬垂性以及保暖性等等，是做好服装设计的基本前提。随着科技的进步和加工工艺的发展，现在可以用以制作服装的材料日新月异，不同的材料在造型风格上各具特征。

2. 服装设计的目的

服装设计的目的，是根据人们对服装的具体要求而决定的。按其性质可分为工业性服装设计和非工业性服装设计。工业性服装设计的直接目的是使设计作品能够形成一定数量的批量生产，发展生产，提高经济效益。非工业性服装设计是以宣传品牌价值、设计构思和展示工艺水平为目的的，因此这类设计作品通过风格独特、做工考究等来强化宣传效果。总的来讲，服装设计是为了美化人体、美化生活、满足人们穿戴的需求，因此，某种意义上，服饰与人体巧妙组合所体现的美是符合大众要求、符合人的生活方式、具有艺术与实用价值的人体状态的美。

人的体型是多种多样的，高矮胖瘦，参差不齐，拥有标准身材的人体是极少的。因此，使不理想因素达到理想的程度，使所设计的作品生产后受到市场欢迎甚至供不应求，是服装设计的主要任务。要达到这一目标，设计师要了解人体的知识，注意国内外信息的收集和市场调查，有目的地探索设计新元素，了解新材料、新产品的特点，不断学习先进的科学技术，了解服装变化的趋势。只有通过长期努力，设计师才会取得较理想的设计效果。

（二）服装设计的特征

1. 服装设计在人体方面的特征

服装通常被人们称为是"人的第二层皮肤"，是以人体为基础进行造型设计的。服装设计的对象是人，要依赖人体穿着和展示才能得以完成。人体结构限制了服装设计，因此服装设计的起点是人体，终点仍然是人体，服装设计的中心依然是人体。

服装设计在满足实用功能的基础上要密切结合人体的形态特征，利用外形设计和内在结构的设计强调人体优美造型，扬长避短，充分体现人体美，展示服装与人体完美结合的整体魅力。纵然服装款式千变万化，然而最终还要受到人体的局限。不同地区、不同年龄、不同性别人的体态骨骼不尽相同，服装在人体运动状态和静止状态中的形态也有所区别。因此，只有深入地观察、分析、了解人体的结构以及人体在运动中的特征，才能利用各种艺术和技术手段使服装艺术得到充分的阐释。

2. 服装设计在政治、经济方面的特征

社会的政治与经济的发展程度往往直接影响到这个时期人们的着装心理和着装方式，

并凸显着这个时代的服装服饰流行特征。如在我国古代漫漫的历史长河中，唐朝曾在政治经济上一度达到鼎盛状态，发达的经济和开放的政治使人们着意于服饰的精美华丽与多样化的风格，那一时期女性的服饰材质考究，装饰繁多，造型开放，体现出雍容华贵的风格。政治经济的发展不仅刺激了人们的消费欲望和购买能力，使服装的需求市场日益扩大进一步带动了服装的发展，同时也促进了生产水平与科技水平的提高，新型服装材料的开发以及制作工艺的不断推陈出新，增强了服装设计的表现活力。因此，彰显工艺美造型美的服装也演绎为一种传播文化的载体和视觉陈列形式。

3. 服装设计在文化、艺术方面的特征

在不同的文化背景下人们形成了各自独特的社会心态，这种心态对于服装的影响是巨大而无所不在的。在不同的历史文化和生活习俗影响下，东西方民族在着装方面存在着鲜明的差异。总体而言，东方的服装较为传统、含蓄、严谨、雅致，而西方的服装则比较奔放、随意。服装设计是一种针对性较强的实用性设计，依据人们不同兴趣爱好、生活文化背景在服装造型、色彩等选择上采取相应的组合变化。同时随着经济进一步发展，各国各地区的文化交流日益增加，服装设计相应吸取了不同国家不同民族的风格特质。另外，各类艺术思潮也会对服装产生巨大的影响。如20世纪初抽象派的构成主义、20世纪90年代前卫派的立方主义，或是回归自然，或是复古主义等的艺术流派和艺术思潮，都明显地影响了服装设计而促成趋向性的流行。

第二节　服装设计的起源与发展

"概括地讲，早期的服装是沿着两条主线进化的：一条是以上层社会的宫廷服装为代表，其主要特征是服装显示着装者的官级、尊严和权贵；另一条是以下层社会的民间服装为代表，其主要特征是设计以抵御寒暑为主要目的，它们都是由手工艺人和个体作坊来完成。"[1]

一、服装设计的起源

服装设计的起源可以追溯到人类最早的文明时期。在原始时代，人类最初的需求是保护身体和适应环境。最早的服装设计是简单的裹身物，由动物皮毛或植物叶片制成。这些

---

[1]　米雅明. 服装设计基础 [M]. 北京：北京师范大学出版社，2015：14.

原始的服装设计主要是为了提供保护和隐私。

随着人类社会的发展，服装设计开始与文化和社会有关。在古代文明中，服装成为地位、身份和阶级的象征。例如，在古埃及，法老和贵族穿着华丽的服装，以显示他们的权力和地位。服装设计成为文化身份的主要标志，同时也体现了不同文明的审美和风格。

二、服装设计的发展

服装设计的发展在工业革命时期迎来了巨大的变革。传统的手工制作逐渐被机械化的生产所取代。这使得服装设计变得更加高效和可扩展。制造技术的进步使得大规模生产成为可能，服装开始成为普通人的日常必需品，而不仅仅是贵族和富人的专属。

随着工业化的推动，服装设计行业的规模和范围也不断扩大。诸如时装秀、时尚杂志和时尚品牌的出现，使得服装设计成为一门独立的艺术和商业领域。设计师们开始关注服装的创新和个性化，不再局限于功能性，而是将服装视为一种表达自我的方式。

20 世纪以后，时尚产业经历了迅猛的发展。全球化的推动使得服装设计和时尚趋势迅速传播到世界各地。不同文化和地区的设计风格相互影响，形成了丰富多样的时尚风格。世界各地的设计师在保留本土传统的同时，也融入了国际元素，形成了独特的风格。例如，日本的和服和哈佛服，印度的萨里和库尔塔，非洲的传统图腾纹样等，都成为全球时尚的重要元素。

同时，科技的进步也对服装设计产生了深远的影响。材料创新、数字化设计和 3D 打印技术等的应用，为设计师提供了更多的可能性和创新空间。服装设计变得更加多样化和个性化，满足了不同消费者的需求和喜好。

此外，可持续时尚也成为当前服装设计行业的重要趋势。随着人们对环境保护和社会责任的关注增加，许多设计师开始关注可持续材料的使用、循环经济和公平贸易。他们致力于推动时尚产业向更加可持续和环保的方向发展。

综上所述，服装设计的起源可以追溯到人类最早的文明时期。从简单的裹身物到现代的时尚产业，服装设计经历了漫长的发展过程。工业革命的推动使得服装设计从手工制作转向工业化生产，时尚产业的全球化使得不同文化和地区的设计风格相互交流。而科技的进步和可持续时尚的兴起，为服装设计带来了更多的创新和发展机遇。服装设计不仅满足人们的基本需求，也成为文化、社会和艺术的表达，展示着人类创造力和多样性。

第三节　服装设计的作用与要求

一、服装设计的现实作用

(一) 为着装者的形象塑造提供帮助

自古以来，人们就追求美的事物并且愿意把自己打扮得很得体美丽，从而使自己成为人群中比较独特的个体。目前，随着人们生活和质量的不断提升，人们更加注重自己的外在形象，尤其在一些十分重要的场合中，人们一般都会选择华丽大方的服装来装扮自我，从而增强个体的自信心。美国著名的社会心理学家马斯洛曾经提出了一个重要的理论——需求层次理论。[①] 根据该理论的核心内容我们可以发现，当人们的生理需求等比较低层次的需求得到满足之后，人们就开始去追求更高层次的需求，从而通过一定的努力来满足自身更高层次的需求。换言之，现代社会越来越多的年轻人开始重视自身的外在形象，他们不仅尝试多种运动等来丰富和改变固有的生活方式，还会在不同的场合穿着个性化的服装等，或者会选择在不同的场合穿着不同类型的服装等，从而塑造自己多变的形象。目前，在人们的生活、工作和学习中，人们会选择各种各样的服装，如西装、运动装以及居家服等，通过不同的服装类型来展现当时的精神风貌以及状态等，从而把更好的自己展现给他人。

在现代化的社会中，人们接受的文化变得越来越多元化，因而人们对服装的要求也越来越高，这也对服装的设计者提出了较高的要求，即服装的设计者在设计服装的时候一定要充分地考虑消费者的审美以及实际需求，从而准确地设计和制作出符合消费者期望的服装。总而言之，服装设计者勤恳地设计各式各样的服装的重要目的之一就是为了打造人们多样化的形象，从而使每个个体都能够成为独特的个体。

(二) 可以为相关企业创造经济效益

目前在我国有各种各样的服装设计以及生产厂家，他们在经营和生产服装的同时也希

---

① 马斯洛需求层次理论是行为科学的理论之一，该理论将人类需求像阶梯一样从低到高按层次分为五种，分别是：生理需求、安全需求、社交需求、尊重需求和自我实现需求。

望在激烈的市场竞争中获取最大的利润，因而对于服装的生产企业而言，服装设计的另一个重要的作用就是为了企业创造经济的利益，从而使企业能够从服装中盈利并且继续扩大生产的规模。

事实上，每个服装企业在生产中都会生产大量的服装，这个时候服装的销售就和服装的设计有较大的关系。如果某个企业的服装设计非常具有个性，能够为消费者减龄或者彰显消费者独特的个性等，那么该企业的服装则可能会更加受到市场的青睐，被更多大众认可，这也就能够为企业创造更多的利润。因而各个服装企业都应该在现实中重视服装设计的环节，把公司的运营资金向服装设计方向倾斜，从而不断地提升企业服装设计者的综合素质，使其为公司创造更多的价值。

在具体的服装设计中，设计师可以适当地融入科技和文化的元素，从而提升服装的质量和文化内涵，这也是服装设计的一个新的方向以及突破口。服装企业对消费者和设计的漠视将导致自身的失败，不忽视消费者的偏好并且在此基础上加强设计，才可能得到符合市场需要的服装产品，企业的利润与经济效益才有可能实现。当然，做到这一点还要求服装设计师了解市场需求，了解消费者心理，也了解相应的营销过程。这对服装设计有很大的帮助，设计的方向性与针对性越强，设计成功的把握就越大。今天的服装企业与服装设计师们已经意识到并且开始重视这一问题。

（三）有助于为社会带来流行与审美

流行是指在一定的历史时期，一定数量范围的人，受某种意识的驱使，以模仿为媒介而普遍采用某种生活行动、生活方式或观念意识时所形成的社会现象。在商品社会中，流行总是被赋予在人们生活所需的产品之上。

在人们的日常生活以及工作之中，服装占据重要的位置，这也是人类生活的"衣食住行"中必不可少的组成部分。因而服装会和社会中的流行趋势有较大的关联。实际上，在大众的日常生活中，很多流行变化元素都会对服装的设计产生较大的影响，如大众的思想潮流以及重要热点事件等。由此我们可以看到，服装就是一种十分重要的流行趋势载体，人们可以通过服装设计的变化来感受流行趋势的变化，从而洞悉社会的发展等。总而言之，一个社会很多方面的变化都会对那个时期服装的设计产生一些影响，有些影响是比较明显的，还有些影响是潜移默化的。

流行是服装发展中不可或缺的组成因素。一个人的年龄、职业、文化层次、生活质量、性格爱好、愿望等也都能在着装中体现出来。换言之，大众可以通过个体的服装、表情以及情绪等综合判断流行的趋势，这种变现力是十分明显的。总而言之，服装能够为社会带来流行与美感，让公众在第一时间就能够快速地感知时尚和流行的方向以及元素等，从而更好地运用这种流行美来创造价值。

二、服装设计的基本要求

（一）以"人体"为设计的出发点

虽然服装设计也属于艺术设计的领域范畴，但是服装设计和其他种类的艺术设计之间还有明显的差异，那就是服装设计必须要围绕人体的结构而展开设计，换言之，服装设计的出发点必须是人体。这是因为服装设计师设计服装的服务对象就是人类，因而他们在设计中必须充分考虑人体的各种因素和限制，否则设计师设计的服装就失去了基本的作用和价值。

第一，设计者设计的服装必须要能够得体地穿着到消费者的身体之上，这也是设计者设计服装的基本要求。如果设计者设计的服装造型独特、华丽，然而没有办法穿着在个体身上，那么这样的服装设计也是失败的设计，无法发挥其应有的价值。

第二，设计者设计的服装必须要能够满足个体最基本的生活活动需求。每个个体都是独立的个体，他们在生活或者工作中也会处于动态之中，因而设计者设计的服装一定要能够满足个体的不同运动需求。例如，有些服装设计需要体现舒适性，有些服装设计需要体现庄严性等。

总而言之，服装设计是综合各方面因素进行考虑的，所有的综合因素都离不开人体这一基本出发点。虽然也有极少数的概念服装设计是以服装的表现为主，人体仅仅是陪衬，但人体仍然是不可或缺的。大量的服装设计是以人体表现为主，尤其是商业服装设计，更是以扮美消费者为设计的终极目标。

（二）以"流行"为设计的参照系

众所周知，流行是一个十分宽泛的概念，它也涉及很多领域，如服装领域、建筑领域以及音乐和舞蹈领域等。在服装设计领域中，流行也是一个十分重要的影响因素，服装的设计者在具体的设计中要始终以流行作为设计的参照系来进行设计，从而准确地把握流行的风尚，设计出更多有新鲜感同时能够快速吸引消费者目光的服装。

第四节　服装设计的构思与形式美法则

一、服装设计构思的具体探讨

服装的存在和发展已有数千年的历史，而作为设计正式出现在服装上只有数百年的时间。构思在设计出现以后变得尤为重要，世界服装设计大师们层出不穷的不凡构思使服装真正具有了前所未见的内容与形式，从而引导了服装市场一次又一次的穿着潮流。

（一）服装设计的灵感

严格来讲，灵感是指在人类的潜意识中酝酿的东西在头脑中的突然闪现，是人类创造过程中一种感觉得到但却看不到的东西，是一种心灵上的感应。需要注意的是，灵感往往是偶然产生的，在人类的创造活动中起着非常重要的作用。但灵感的产生又不是偶然孤立的现象，设计灵感往往是设计者对某个问题的实践与探索，随着经验的不断积累，使思维成熟后迸发的结果。

如今，服装设计发生了巨大的变化，对设计师如何构思以及如何把自己的理解和制作结合在一起的研究更加系统。服装设计师为了满足市场需求，需要不断地挖掘新的设计素材，创作设计新产品。服装已经不只是简单的生产，更需要大量的创作灵感。

1. 灵感的来源

灵感的来源主要包括以下方面：

（1）自然界。自然中秀丽的河川、优美的风景、光影的变化都可以成为设计师创作活动的源泉。大自然中的万物皆可以激发人的思维，从中捕捉到灵感。各种植物的枝干、茎叶、花朵、根须，甚至干裂的树皮都可以成为服装设计巧妙的造型和肌理变化的灵感来源。动物图案在服装中的应用范围则更为宽广，一些动物皮肤特有的纹路甚至成为经久不衰的流行元素，如蟒蛇纹、豹纹、斑马纹、鱼纹等。自然界为一手资料的采集提供了大量的、形形色色的灵感。因此，作为设计师应该善于捕捉和发现美，提炼大自然中万物所具有的代表性特色，与服装的整体造型和营造的意境结合起来，达到浑然天成的效果。

（2）生活。设计构思往往是在想象的基础上产生的，丰富的想象力是别致新颖的设计得以成功的关键所在。而丰富的想象力来源于生活，它需要人们经常不断地对周围事物进行观察、思考，提高对一切事物的综合分析能力和敏锐的感知能力。

（3）时空。服装与社会、历史、地理是不能割裂的。时代的不同、历史的脉络、自然环境的差异，使得服装在材料、色彩和形制中明显不同。时空的概念在这里主要指的是：第一，服装设计的过去，回首之前都设计了些什么；第二，服装设计的现在，关注当代设计的发展、当下的流行、社会中正在发生的事情；第三，服装设计的未来，探索服装在未来发展中的各种可能性。在对服装设计过去、现在、未来的了解和思考中获得创作的灵感。

首先，研究服装的过去，也就是研究服装的历史。对中西服装发展史的系统了解将有助于设计师从文化的角度去审视服装演变过程中的一些现象，洞察其中的变迁规律，进行合理的设计应用。如观察历史上的服装廓形、结构细节、比例与线条、面料、印花与装饰等。然后，在单件服装的设计中考虑所有这些设计元素，这样就能够从所研究的服装史的相关内容中拓展出一个系列。

其次，作为设计师要敏锐地捕捉具有广泛影响力的社会动态，巧妙应用于设计。例如，在生态危机日益凸显的今天，如何让设计充满关怀，"适度设计""健康设计""美的设计"，防止传统文化的消失和人性人情的失落；如何创造有利于人与自然和谐发展的环境，使人类能够可持续地发展、健康艺术地生活，这是服装设计师的责任。

最后，展开对未来服装天马行空的想象。科学家对月球、对人们生存空间以外世界的探知，让人们对已知世界有了很深的了解，对未知世界更加充满好奇，勾起了人们无限的求知欲。

（4）姐妹艺术。任何一门艺术对服装设计都会产生影响，使设计师受到启发，产生设计构思。

首先是建筑。时装与建筑有很多的共同点，它们的出发点相同——人的身体，它们都为人的身体提供保护和遮蔽。时装和建筑也都表达出空间、体积和运动的理念，而且在将材料从两维平面转化到复杂的三维立体结构的利用方式上两者也具有相似的实践特性。正是由于这种共同点，建筑便成为时装设计师绝妙的调研素材。如山本耀司和川久保玲就用他们所创作的服装证明了服装与他们周围的现代建筑之间所具有的明确相似性。

其次便是电影。电影自1895年卢米埃尔兄弟在巴黎一家咖啡馆的地下室宣告其诞生以来，发展至今已经成为一种流行的大众娱乐方式。因为电影常常能简明扼要地抓住时代的精神，所以一部电影的热播，会让里面的风格迅速成为全球时尚界关注的热点。如《乌鸦》《剪刀手·爱德华》等一系列卖座恐怖片为哥特文化的复兴注入了新鲜活力。设计师奥图扎拉就以《剪刀手·爱德华》为灵感来源设计了一系列服装。

最后，绘画与服装设计的关系也非常密切。巴伦西亚加就是一个善于捕捉艺术氛围的设计师，他的许多礼服作品的灵感来自西班牙的宫廷绘画；圣·洛朗从毕加索、布拉克、蒙德里安、马蒂斯等人的作品中获取灵感进行创作也获得了成功。对广大设计师来说，更常见的是从艺术作品中捕获一点想法、一点关系，然后水乳交融般地注入服装作品中。

此外，雕塑、摄影、音乐、舞蹈、戏剧、诗歌、文学等姐妹艺术在很多方面是相通的，各种不同的艺术形式都可以成为服装设计很好的灵感来源。

（5）科技创新。科技成果激发设计灵感主要表现在两个方面：其一，利用服装的形式表现科技成果，即以科技成果为题材，反映当代社会的进步。其二，利用科技成果设计相应的服装，尤其是利用新颖的高科技服装面料和加工技术打开新的设计思路。新材料和新方法促成了时尚潮流的演变和时装设计的革新。

（6）民族文化。民族文化使国家之间、地区之间和民族之间产生了特色与个性。对丰富的民族文化的了解可以使设计师的灵感不断。中国传统服饰文化中富有机能性的元素与装饰手法得到了越来越多的设计师的青睐。例如，AZ 安正男装的 2013 春夏新品系列，其灵感便来自中国传统艺术瑰宝——鼎。以"鼎"独有的花纹和经过岁月侵蚀而形成的特有的斑驳纹理为切入点，融入现代生活，营造成精致且高端的时尚格调。

（7）名人效应。近年来，娱乐版头条仅仅围绕名人转战时尚设计行业这一桩噱头就能够日日翻新，因为名人具有一定的社会感召力，甚至在某些方面具有一定的权威性。作为设计师，就服装名人效应的利用而言，不仅能关注到名人穿着的服装款式，不同名人塑造的服装服饰风格，进而研究借鉴，推陈出新；还能从名人跨界设计本身找寻灵感。

（8）专业资讯。巴黎的时装和欧洲的成衣一直都是传统的流行趋势来源。在每年的巴黎、伦敦、米兰等时装周之前，一些公开出版物会在面料流行趋势、款式预测和设计师采访的基础上对时装秀上将出现的各款服装进行预测。时装秀一结束，时尚编辑就会选择一些他们认为将会流行的款式，将图片及报道发表在一些消费者刊物、商业时尚杂志及报纸等各类出版物上。然而，这些资讯都是经过新闻工作者编辑的，中间需要时间的过渡。因此，设计师不仅要阅读各种书籍、报纸、杂志，在条件允许的情况下，亲自观看时装秀也是一名设计师的必修课。

作为设计师，非常重要的一点是要敏锐把握身边即将发生的事件以及它对自己的设计和所为之设计的最终顾客将会带来怎样的影响。围绕自己的设计，运用流行资讯中的某些元素，将会为设计中的一些要素，如色彩、面料或者功能提供很好的起点。

在当今这个飞速发展的信息时代，能被运用于设计灵感的资料越来越多，资料的承载形式也越来越多样，如各种新闻媒体、期刊、报纸、杂志、书籍、幻灯片、录影带或者光盘等。随着网络的发展，设计师获取前沿时尚资讯的途径更加便捷，不但可以在互联网上看到各种时装秀的图片，降低设计信息摄取的成本，还可以在全部服装亮相于零售商店或时尚杂志之前，通过这些图片了解全系列的服装。各种时尚资讯演绎着正在流行的生活，各种流行的事物刺激着服装的设计，引导着服装设计的发展。

灵感来源的刺激是多方面的。要想成为一名成功的服装设计师，不但要对时尚、色彩和服装敏感，还要对各种艺术形式感兴趣。建筑、音乐、历史、各国文化、少数民族传统文化以及服饰、绘画，甚至街边涂鸦都有可能成为设计中的亮点。而对灵感的进一步发掘，使得设计师不再拘泥于为"设计"而设计，而是为"兴趣"而设计，并从理性的角度上分析设计，将各种素材运用到设计当中，使自己的设计充满创意和趣味。因此，要成为一名出色的服装设计师，不仅要加强对上述灵感来源的关注，还要博闻多识，知识积累得越丰富，设计底蕴就越深厚。

2. 灵感的特征

灵感通常是可遇而不可求的，至今人们还没有找到随意控制灵感产生的办法。学者研究发现，灵感在产生过程中具有鲜明的特点。对灵感特点的研究，可以作为在设计中如何激发灵感及运用灵感的理论指导。

灵感具有突发性、短暂性、增量性和专注性的特点，这四个特点本身又具有一定的相关性。首先，灵感的突发性和短暂性是联系在一起的，灵感总是突然出现在设计者的脑子里，而且常常是一闪即逝，突发且短暂。针对这两个特点，设计者要养成随手记录的习惯，要善于捕捉灵感，注意"保存"自己大脑中随时产生且随时消失的灵感。其次，灵感的增量性和专注性相辅相成，随着设计者经验和成果的不断积累，灵感出现的频率也会逐渐增加，可以将其称为灵感的增量性。当设计师长期关注于某个事物或某个领域时，通过某一诱导物的启发，一种新的思路突然接通，也就是在长期孜孜以求、冥思苦想之后豁然开朗，思如泉涌。因此，作为服装设计师，平时要多听、多看、多思考、多积累经验，以诱发灵感的增量出现。

(二) 服装设计素材整合

1. 设计素材整合的载体

作为一名服装设计师，拥有一本专属手稿图册是非常必要的。手稿图册可以说是设计师对设计素材进行学习、记录和加工处理的有效工具，是所有设计工作的基石，而且手稿图册带有强烈的个性色彩；透过它，既可以看出每一个设计师对周围世界的感知程度和思考方式的不同，也可以感受到设计师独特的设计创造能力。

2. 设计素材整合的方法

对设计素材进行探索和实验的表达方式是多种多样的，以下主要讨论绘画、拼贴、并置、对照参考、解构和聚焦关键要素对图像和文字的编辑和艺术性表达。

（1）绘画。绘画对设计师而言是一种非常重要的视觉语言表达技巧，同时也是设计师收集一手资料的好方法。一方面，将出现在脑海中的一些一闪而过的灵感，及时用笔简单记录下来是一个很好的设计习惯；另一方面，将作为灵感来源的物体或者图片的全部或者部分非常快速地画出来，可以帮助设计师理解其中所蕴含的造型和形式，提高对造型和线条的整体把握能力，进一步寻找切合点应用于设计。同时，绘画也是设计师对脑海中的服装形象进行设计表现的有效途径之一。

（2）拼贴。拼贴，简单地说是指各种不同的视觉信息资料拼凑在一起。这些视觉信息资料包括照片、杂志剪报以及从网络上下载打印出来的图片，将这些资料粘贴到一个平面而获得的艺术合成品的方法就称之为拼贴。一张好的拼贴图会包含各种不同的元素，它们显示出各自的冲击力和特性，但是当把它们组合在一起的时候会从整体上呈现出新的方向。拼贴图的完美呈现需要设计师掌握比例、造型、位置和与图片选择有关的技巧。拼贴是设计师在进行服装设计创作过程中经常用到的手法。

（3）并置。并置直译为"紧挨着放置"，指的是放置或者排列紧密以期达到对比的效果。与前面讲到的"拼贴"不同，"并置"常常是将毫无关联的元素组合在一起。

（4）对照参考。对照参考是指将放置在一起的来源不同的素材资料进行混合，从中找出彼此之间产生的关联，从而为设计提供新的方向。绘画、拼贴和并置是对这些设计素材进行拼凑和实验的好方法，而对照参考则是一种可以帮助设计师找到彼此相关或者互为补充的视觉参考素材的技法。随后可以对这些视觉参考素材进行分组，在相似关联中找寻不同，在不同关联中找寻相似，进一步剥离、提取、分析，逐渐转化为初期的主题或者概念。

（5）解构。解构是指根据需要，进行符号意义的分解，使需解构的对象进入符号储备，有待设计重构；也可以理解为像智力拼图或者积木玩具一样将设计素材打散，再以不同的方式重新组合并创造出新的线条、形状和抽象的形态。解构的方法可以从关注的原始素材中的细节元素获得抽象的创意。

（6）聚焦关键要素。服装各要素包括造型、色彩、面料或肌理、细节、印花图案和装饰手法等，在通过拼贴、并置、解构、对照参考的方法来研究设计素材并不断整合设计概念时，将会逐渐呈现设计的潜在方向，可以把这个过程称之为"聚焦关键要素"。这种关键元素的聚焦最后是以一系列基调板、故事板或者概念板的形式来呈现。

聚焦关键要素会使先前迷离、复杂的设计思路越来越清晰。接下来的阶段就是创作一系列效果图以进一步明确设计当中运用的元素。

（三）服装设计构思角度

设计离不开人类一系列的思维活动，离不开构思。所谓构思，是指作者在写文章或创作文艺作品过程中所进行的一系列思维活动。包括确定主题、选择题材、研究布局结构和探索适当的表现形式等。在艺术领域里，构思是意象物态化之前的心理活动，是"眼中自然"转化为"心中自然"的过程，是心中意象逐渐明朗化的过程。设计构思是指设计过程中运用灵感来源，围绕设计主题，使设计形成基本架构，是生成设计最初的突破口。

设计构思角度则是指设计师进行设计构思时寻找的切入点。相同的设计素材，同样的设计任务，由于设计构思时切入点的不同会使得最终的设计千差万别。有些初学者在做设计时常感到构思贫乏，不知如何下手，或是最终的作品与原来的构思差距很大，达不到预想的效果。一般而言，服装设计构思要依据服装设计原理从造型角度、色彩角度、面料角度、图案角度及装饰工艺角度进行切入。

1. 造型角度

造型是运用一定的物质材料（绘画用颜料、绢、布、纸等；雕塑用木、石、泥、铜等），按照审美要求塑造可视的平面或立体形象。物体处于空间的形状，是由物体的外轮廓和内结构结合起来形成的。简言之，造型是把握物体的主要特征所创造出来的物体形象。大千世界任何一种物体都可以成为服装设计的灵感来源。

自然生物的外形也可以被借鉴运用到服装廓形中，变成某种物象型的服装廓形。这些廓形符合服装本身的结构形态，同时具有某种物体的明显特征。例如，迪奥的郁金香型就是非常有代表性的物象型造型。这种物象型造型角度的手法不仅可以运用到服装整体廓形的设计上，还可以运用到服装零部件的设计中，如领子、袖子、口袋等的设计，依然具有较强的艺术表现力。

2. 色彩角度

人是视觉性的动物，服装中的色彩给人以强烈的感觉。织物材料缤纷的色彩以及不同的色彩配置会带给人不同的视觉和心理感受，从而使人产生不同的联想和美感。同时，色彩具有强烈的性格特征，具有表达各种情感的作用，经过设计的不同配色能表现不同的情调。

从色彩角度切入设计时，可以选择自己最喜欢的色彩或者色彩搭配作为开端（此种做法有利于让自己在最开始就保持一个兴奋的创作过程），然后围绕暂定的色彩或者色彩搭配开始搜寻其在自然中、生活中或其他艺术表现形式上的体现，不断修正完善自己的色彩搭配，并制作主题创意板直观说明创意来源。创意板的制作可以用图形图像处理软件 Photoshop 等排版打印出来，也可以将搜集到的与灵感来源相关的杂志页面、面料、图片等粘贴在创意板上。

从色彩角度切入设计时，也可以借鉴在服饰色彩搭配上很有特点的品牌或设计师的作品，如贝纳通、高田贤三、米索尼等。薇欧奈的女装系列中，皇家蓝、紫罗兰、姜黄、橙红的相撞令人眼前一亮。薇欧奈的设计师鲁道夫·帕里亚伦加对色彩和图案的运用更加大胆，其在丝缎面料上绘着有彩色边框或是流苏边的几何图案，为薇欧奈优雅、极富女性特质的风格加入了些许民族风情的俏丽、张扬。

另外，从色彩角度切入设计时，一定要注意色彩的自然意象和被赋予的社会意义受到文化、政治、情感等因素的影响。通常在不同的文化中，某一特定的色彩意义是不同的，如中西方文化中对红色截然不同的态度。和单色一样，颜色组合也有很多文化含义。

在很长一段时间里，白色长期与海军、航海主题联系在一起；红、绿的色彩搭配象征着圣诞节；餐厅里经常使用红、黄两色，目的是使顾客产生饥饿感……因此，在不断运用色彩角度切入设计构思及设计的过程中，设计师不仅要加强对色彩理论的学习和掌握，更要加强对历史、文化和色彩心理学之间复杂关系的研究。

3. 面料角度

面料是设计的"骨骼"，能为服装造型和结构提供有效的支持。一款选择成功的面料，能够有效传达设计的理念，符合消费者的生活方式，并决定服装的价格。从面料角度切入设计构思有以下两条途径：

（1）从现有面料或者可以从市面上直接购买的面料入手。这要求设计师掌握基本的面料知识，多接触各种不同的面料，记住一些常用面料的名称、外观和服用性能，而且要了解各式新奇面料及服装面料的流行和发展趋势。（建议初学者积累、建立一份包含了实物、图案和有关面料的重量、质地等方面丰富信息的面料样本。）通过大量的学习和实践，优化面料与服装设计的"组合"，设计师能够从各种质地的面料中，选择出一款与希望的造型搭配最协调的面料，这是一种能力，这种能力对于许多大师级的人物来说也是需要大量的实践经验才能获得的。

（2）面料改造。面料改造或面料再造是服装设计师对面料进行第二次创造的方式，可以通过珠绣、刺绣、水洗、印染、补花、贴花等实现。面料再造是现代服装艺术中一种创造性的思维方式。科技的发展和现代艺术的流行与交融，为面料再造提供了创造源泉。现代服装设计也正在从以往追求款式的多变慢慢转变为追求材质的个性风格。面料再造对设计师独特创意的展示效果直观且容易产生共鸣，而且也是在学生阶段由于经济原因无法选购昂贵面料，进而自己动手设计的一个好方法。

4. 图案角度

图案是一种既古老又现代的装饰艺术，是对某种物象形态经过概括提取，使之具有艺术性和装饰性的组织形式。服装这个特殊的载体，使得图案的审美标准发生了变化。

从图案角度切入设计构思时需注意两点：一是服装图案可以装饰服装局部，也可以装饰服装整体；二是从面料本身的纹样到服装中装饰图案的组织构成都属于服装图案。在实际运用中，图案不仅可以丰富服装的装饰性，吸引人的视线，而且还可以有效地弥补造型、结构工艺和人体形象的不足。

5. 装饰工艺角度

装饰工艺作为现代服装设计的重要元素，其内容和形式丰富多样，根据所用材料和手法可以分为以下三类，这也正是从装饰工艺角度切入设计构思时的精准着眼点：

（1）刺绣。刺绣是在机织物、编织物、皮革上用针和线进行绣、贴、剪、镶、嵌等装饰的一类技术总称。根据所用材质和工艺的不同，刺绣又分为彩绣、白绣、黑绣、金丝绣、暗花绣、网眼布绣、镂空绣、抽纱绣、褶饰绣、饰片绣、绳饰绣、饰带绣、镜饰绣、网绣、六角网眼绣、贴布绣、拼花绣等。不同地区与民族都有代表性的刺绣工艺，如欧洲的法国刺绣、英国刺绣、匈牙利刺绣、瑞典刺绣；亚洲的中国刺绣、日本刺绣、克什米尔刺绣等。每一种刺绣都以其鲜明的民族特色著称于世。

（2）装饰缝。此种装饰方法主要是在面料上通过各种工艺技法的运用，使平面的面料产生出不同的肌理效果，例如可以用叠加方式表现浮雕效果，也可以用分离方式表现镂空效果。常见的装饰缝有绗缝、皱缩缝、细褶缝、裥饰缝、装饰线迹接缝等工艺。

（3）其他装饰工艺。其他装饰工艺还包括蕾丝、毛皮、腰带、镶边等。

装饰工艺以其浓郁的民族特色、独特的装饰效果、丰富的表现手法为越来越多的人所喜爱。各种装饰工艺在服装设计中的运用，更是使人们的服装锦上添花，使服装设计的手法和内容得到了极大的丰富。在现代服装设计中很多成功的设计都离不开装饰工艺的运用。

时代的发展，消费者喜新厌旧的心理，都使得现代服装设计需在革新中寻求生存。在实际设计中应该抛开服装色彩、款式造型、服装材料三大设计要素的框架限制，突破传统，寻求超凡脱俗并具有丰富精神内涵的、强烈视觉冲击力的服装设计理念。

二、服装设计的形式美法则

所谓美是在经过整理，有统一感、有秩序的情况下产生的。秩序是美的最重要条件。当把美的内容和目的除外，只研究美的形式的标准，就叫美的形式原理或形式美法则。"形式美基本原理和法则是将自然美加以分析、组织、利用并形态化了的反映，它是一切视觉艺术都应遵循的美学法则，贯穿于包括绘画、雕塑、建筑等在内的众多艺术形式之中，也是自始至终贯穿于服装设计中的美学法则。"① 所谓形式美法则，是人类在创造美的形式、美的过程中对美的形式规律的经验总结和抽象概括。而服装形式美法则即服装构成的形式美法则，是服装造型美的规律，总体而言，就是变化与统一的协调，是变化中服装构成各要素之间的协调；具体说就是比例、平衡、节奏、强调与视错等形式法则的协调统一。要处理好服装造型美的基本要素之间的相互关系，必须凭借形式美的基本规律和法则，使多种因素形成统一和谐的整体。

形式美法则贯穿于整个服装设计之中，从设计方案构思（包括款式、色彩、面料、结构工艺、技术细节、完整性、设想样衣的穿着效果及后期处理等）、设计表现（设计速写、人体着装效果图、服装款式图及立裁）到试制样衣、样衣分析，形式美法则在其中都发挥着潜移默化的重要作用。

服装设计元素是否被成功地运用取决于它们之间的相互关系，设计的形式美法则正是协调元素之间关系的指导原则。处于工作状态的设计师对这些形式美法则的考虑可能是无意识的，但当设计作品出现差错时，他们就根据比例、平衡、重复、强调、整体法则来分析问题的所在。

（一）比例

比例是服装设计中最常见的形式美原理，服装上到处可见比例美的存在。在多件服装搭配中，比例用来确定服装内外造型的数量及位置关系、服装的上装长与下装长的比例以及服装与服饰品的搭配比例；在单件服装中，比例用来确定多层次服装各层次之间的长度比例、服装上分割线的位置、局部与局部之间的比例、局部与整体之间的比例。此外，比例还用于服装覆盖面与人体裸露部分之间的比例关系。在服装设计中采用比例尺寸，会得到比例美的特征。

头部的尺寸、形体的宽度、腰节和躯干的长度、腿的长度都可能与经典理想比例有很

---

① 　米雅明. 服装设计基础 [M]. 北京：北京师范大学出版社，2015：31.

大的不同。人们迫切希望通过着装来从视觉上平衡人体比例的不足。设计师靠修改比例来实现不同的美的理想。20世纪60年代后期,安德鲁·库雷热和玛丽·匡特引导了迷你裙的流行,裙子短到可以将人体对半分,从而使人看上去非常年轻,因为裙子短而使腿看起来更长,使着装者看上去更高。

(二) 平衡

在力学上,平衡是指重量关系,但在服装设计中,平衡则是指构成服装的各基本因素的大小、轻重、明暗以及质感的均等状态。它在服装造型排列、色彩搭配、面积及体积等方面均有体现。服装设计中存在比例关系,就必定有某种平衡关系的存在。各种比例如果不能平衡就谈不上比例美。

平衡一般包括对称和均衡两种形式。对称指同形同量的安置,是最简单的平衡形式,通常用于比较传统的职业装、优雅风格或经典风格的服装。均衡指非对称平衡,在空间、数量、间隔、距离等要素上没有等量关系,是在大小、长短、强弱等对立的要素间寻求平衡的方式。均衡运用在服装设计中更加具有变化性和个性化。

(三) 节奏

在视觉艺术中,点、线、面、体以一定的间隔、方向按规律或无规律排列,并由于连续反复的形式产生了节奏。节奏是事物在高度、宽度、深度、时间等多维空间内的有规律或无规律的阶段性变化。节奏可以是有规律的,也可以是无规律的,包括反复、交替、渐变等。

同一个要素出现两次以上就成为一种强调对象的手段,称反复。把两种以上的要素轮流反复时称为交替,交替是成组的反复。在服装上,反复和交替是设计中常用的手段,在服装的不同部位经常出现造型细节的反复、图案纹样的反复等。反复和交替的使用使得服装造型统一协调。

渐变是指某种状态和性质按照递增或递减的变化,分为规则渐变和不规则渐变。规则渐变又叫等级渐变,是指按照一定的比例关系或特定的规律进行递增或递减;不规则渐变是抽取事物的本质特征进行变化,只是强调感觉上和视觉上的渐变性。服装设计中的渐变可以是造型元素排列的疏密大小,也可以是色彩的逐渐变化或者材质的质感变化(如由软到硬、由硬到软等)。简单地说,节奏是反复使用线条或者形状去创造一种式样。设计元素的节奏使用透过设计引导视线来感受服装的连续性。

（四）强调

强调指通过将观察者的注意力聚集到服装的一个特定区域，即可创造一个视觉中心或设计焦点。视觉中心在术语中叫着眼点，在卖场中叫卖点，服装的设计特色往往就体现在此，也是消费者青睐某件服装的原因所在。反之，没有中心点的服装会显得单调和无趣，但从另一方面说，不能有两个以上的中心点，多个中心点会相互模糊混淆。

强调主要包括强调主题、强调工艺、强调色彩、强调材料、强调配饰等。设计师使用强调原则来引导视线。聚焦于脸部的细节尤其有效，因为脸是美丽的焦点。同理，身材的欠缺之处可以通过强调身体值得肯定的部位并削弱应该否定的部位而加以掩饰。

（五）统一

统一是指在个体与整体的关系中，通过个体的调整使整体产生秩序感。统一也有调和之意，是有秩序的表现。在服装设计中，任何一件服装都不是一个单独的个体，而是由造型、材料、色调、花样等许多个体共同组成的统一体。构成服装的个体互相统一时，就形成服装自身的整体美；它与首饰、鞋帽、箱包、化妆、发型等统一时，则会构成着装的整体美，体现着装者的个性和品位。

无论是服装本身的统一还是服装与饰物的统一，都有一定的手法和尺度。服装中的统一首先表现在形态上的支配与统一，指的是从宏观角度控制服装整体设计，形成整体风格的统一。此外，服装中上下装的关系、外轮廓与内部零件的关系、装饰图案与细节的关系等都要用统一的原理进行设计。

统一是一种形态，它是把设计中的形式美法则组合在一起，使服装的设计主题和设计理念得以体现，一切都恰到好处。样衣制作是检验一个设计是否成功的最好方式。设计师通过样衣的制作客观地分析组合在一起的所有元素是否达到了统一、和谐的视觉效果。

设计师的工作就是不断地学习，在设计师推出一个新的系列作品的背后，是无数次的尝试，是对不同的面料、色彩、廓形、结构、细节等的一次又一次的组合搭配，是对平衡、比例、节奏、强调、统一法则恰到好处的运用。设计的价值和意义就在于有效地整合这些元素，放入新的语境中，使其得以彰显。

一个完美的设计来源于对设计构思的酝酿，这些元素必须是设计构思的一部分。社会大分工要求产品模块化，乔布斯的伟大不在于他创意了每一个功能模块，而在于他把这些既有模块有效并完美地整合在一起，并从人体工程学、心理学、视觉美学方面加以关照，从而使苹果品牌达到了一个极致的高度。在设计中运用形式美法则，就好比厨师做菜，并不是去创意油盐酱醋，也不是去创意一种惊世骇俗的怪味，而是把这些佐料配比好，灶头火候拿捏得恰到好处，使味道臻于完美。

第二章 现代服装的款式设计与方法

第一节 服装款式设计的原理

服装款式设计是服装设计诸多方面的重要组成部分之一，是一种创造性的活动，亦称为"服装的第一设计"。"服装款式设计的任务是诠释流行概念和提供服装的具体式样。"[①]

服装款式设计是服装设计诸多方面的一个重要组成部分，也是一项智力与劳力、艺术性与技术性相结合的较为复杂的一项工作。服装款式由造型与色彩两部分组成，在现实生活中，造型与色彩是无法完全分离的。服装款式设计作为"服装的第一设计"，是进入服装设计领域的敲门砖。

一、服装款式设计的研究内容

服装款式又称为服装式样，主要指服装的外形结构形态与内部的细节，局部与分割的组合，既是服装结构的形式特征，又是直接反映服装实用性、艺术性和社会性的具体表现。其研究的主要内容为：实用性需要有相适应的服装款式配合，艺术性、社会性都必须通过款式得以表现。服装款式设计具体表现在对款式的廓型、款式的细节、款式的局部及款式的分割等方面的设计。服装款式设计师必须掌握人们的消费心理，熟悉人们的生活习俗，了解时代市场的流行趋势，掌握基本的美学原理及款式图的绘制等多种技艺，根据自己的主观意向与客观需要，通过对服装的廓型与点、线、面、体的组合与分解，局部与整体，内容与形式等多方面的综合性的运用进行设计。从某种意义上来看，人们对服装的研究，在很大程度上是对服装款式的研究，它包括服装款式的构成规律，服装款式的总形变化，点、线、面，体在款式中的具体运用，服装款式的细节、局部的变化等。通过研究与设计，以满足日益变化的不同时代的人们对服装穿着的需求。

---

① 燕平. 服装款式设计 [M]. 重庆：西南师范大学出版社，2011：6.

二、服装款式设计的构成元素

构成服装款式的基本元素是点、线、面、体。把点、线、面、体以及由此产生的相互关系，有机地结合在服装上，将产生千变万化、充满魅力的服装款式。点、线、面、体的表现方法自始至终都贯穿于服装款式中，并赋予服装款式以生命力和美感。

1. "点" 元素

点在几何学上的定义是无面积、微小的形象，只体现对空间在一定程度的占有感。点在艺术设计中是具有一定面积的，点是线的起点、终点或局部，是面的最大限度分解，是最简单、最概括、最集中的视觉目标。点的移动具有跳跃性，点在款式设计中是最小、最简洁也是最活跃的构成元素。

服装款式上点的设计很多，有固定与装饰并用的纽扣、口袋；有立体添加效果的团花、花结及各种装饰物；有实用与装饰为一体的腰带夹，还有面料本身为点状的不同视觉效果等。在服装设计中充分利用点元素的视觉要素，能够吸引视线，强调服装某一部分的设计重点，起到画龙点睛的作用，如在服装款式设计中的纽扣点、腰带点、装饰点和面料点等。

在款式设计中，常常运用点的大小、形状、位置、数量和排列，重叠变化、聚散变化，构成服装中各种类型的点饰，既可以活跃服装空间，增强服装的变化，又可以弥补掩饰人体的不足，起到了引人注目、诱导视线的作用，从而使服装更加美化人体。

2. "线" 元素

从几何学来看，线是点的移动轨迹，线只有长度而没有宽度。在艺术设计造型中，线不仅有长度和位置感，还具有一定宽度，是立体的线。线分为直线和曲线两大类，是服装款式设计中构成形式美的不可缺少的一部分。

（1）直线。直线是表示无限运动性的最简洁的形态，具有硬质、刚毅、简洁、单纯、理性、明快等特征。男性的线，在服装款式设计中常表现为壮美感，产生庄重、雄浑、刚毅、硬直的视觉效果。

直线有垂直、水平、倾斜之分，另外还有线的粗细变化，不同的直线构成产生不一样的视觉效果：①粗直线。坚强有力、厚重的情感特征；细直线：敏锐、脆弱、细腻、神经质的情感特征。②垂直线。体现纵向运动，具有威严和秩序感，具有长度增高，上升、权威、刚硬、修长、运动感和苗条感。③水平线。体现横向运动，具有安定、平稳、广阔之感，产生横向扩张感。④斜线。体现不安定的运动感，具有不安的、刺激的、强烈的视觉效果，产生活泼、轻松、飘逸之感。

（2）曲线。优美的线条主要指曲线，是女性的线条。具有柔和自然、优雅、流动、富有弹性和生命感。

曲线有规则曲线和不规则曲线：①规则曲线。又称几何曲线，使人心理产生理性、规范、保守、严谨的束缚感，体现了平稳、华丽、高级、轻柔的情感。②不规则曲线。又称自由曲线，具有活泼、奔放感，给人轻松放肆、无拘无束感；其次，放射线条的应用更显服装别具一格；运动装常用线条装饰增强运动感。

总体而言，线在服装上的运用非常广泛，是服装款式设计中必不可少的造型要素。在服装款式设计中，凡是具有宽度明显小于长度的属性的，都可视其为线，线本身的个性特征也直接对服装款式产生影响。在服装款式中，可利用线条的审美特性而进行各种设计。主要运用的有轮廓线、结构线、分割线、装饰线等。各种线的有规律组合，都有明确的情感意味，线的组合可产生节奏、韵律；线的运用可产生丰富的变化和视错感；线的分割可强调比例；线的排列可产生平衡。总而言之，线的形式千姿百态，正确运用于服装款式设计中可取得不同的意想不到的设计效果。

3.“面”元素

从几何学的角度，面是线的移动轨迹。如直线移动可产生方形、圆形或多边形等。面是服装的主体，是款式设计中最强烈最具动感的要素之一，面因表面形态不同可分为平面与曲面，平面主要有方形、圆形、三角形、有机形及偶然形。曲面有接近于体的感觉。

（1）方形。方形有正方形和长方形，是由直线构成，具有稳定、严肃、平稳感，在男装中广泛使用。如西装、中山装，充分地体现男子阳刚气质。在现代女装设计中，有时也借用男装方形与直线，形成中性化时装。

（2）圆形。圆是运动的起点，富有变化，具有滚动、轻快、丰满、圆润之感。圆形常运用于女装款式中，如圆摆裙等；其次款式的局部分割采用弧线的设计，如强调肩部的插肩袖、领部、衣摆等部位。

（3）三角形。三角形有正三角形和倒三角形之分。正三角形稳定但尖锐，有强烈的刺激感，倒三角形则有不安定与动感。三角形的面，常用于现代服装款式中，特别是创意类服装，体现个性、朝气、活泼，突出刺激性的个性。

面在款式设计中表现最为突出，在服装上可表现层次感，如多层服装裁片的叠层缝合；面既可以表现非常平板、朴实，如中性服装或没有分割线的休闲 T 恤，又可以使服装表现华丽感、笨重感，如多层叠的礼服等。

4. "体"元素

体是面移动的轨迹，面与面的组合构成，体占有一定的空间，从不同方向观察，表现为不同的视觉形态。面的回转产生立体，服装款式设计就是平面的面料按结构组合与面的回转原理形成的立体形态。款式设计的主要表现如下：

（1）半立体构成：是对面料的一种理想化的再创造。在款式设计中常通过褶、添加、镂空、扭曲、压缩等工艺与装饰处理，形成凹凸变化的层次，形成新鲜活泼的浮雕感。

（2）线的立体构成：线既是传统服饰美的装饰手法，又是现代化时装艺术综合表现的手段，在款式设计中，线立体是不同质料的线创造的立体构成。在服饰的整体关系中，以线条流畅的立体造型，表现一种力的动感，质的体积空间的深度。

（3）面的立体构成：面的转折，面与面的组合，可以构成多种立体的造型，直筒裙的基本造型就是面的回转原理的体现。款式设计从面料到构成立体服装的可能性，首先是基于面料在构成上的可塑性。虽然方法相同，由于面料质地不同，面的立体效果也不一样。

（4）曲面的立体构成：各种几何平面，经切割弯曲会产生凹凸起伏的立体造型。长方形的平面，经弯曲可构成直角式裙的立体造型。曲面构成的立体形态，体积感、弹力性表现得特别突出。而质料的强度、厚度、可塑性、悬垂性的差异，以及大小排列和组合的方法不同，弯曲面的形状也完全不一样。

三、服装款式设计与人体特征

服装款式千变万化，但最终必须依附于人体才能有所作用，这是全人类服装的共性。故而人体成为服装款式设计的重要依据。人类对服装需求的目的，是服装起源的基础。人在社会中的地位、职业、个性、素养等都可以不同程度地通过服装来传达。服装款式是以人体为基本形态而展开设计的。

（一）人体结构与体型特征

服装款式设计是直接把人作为设计对象，人体是服装的基础，服装款式的一切变化必须以人体为依据，其中人体结构、人体体型、人体体型差异等都是制约服装款式设计的重要因素。

1. 人体结构方面

人体骨骼：骨骼是人体的支架，由骨头与关节、韧带组成，它决定了人体的基本形态，也决定着服装款式的长短变化。

人体肌肉：肌肉附生在骨骼上，使人体表面产生凹凸不平的变化，它决定着人体的基本围度，也决定着服装款式的围度变化。

2. 人体体型方面

体型即人体的外观形态。人体是立体的，设计款式时应考虑其立体特征。人体从正、背面观察，是呈左右对称的形态，人体从侧面观察，则呈左右不对称的 S 型。由于人体体型具有高、矮、胖、瘦的差异，为了便于生产，由原国家纺织部制定，国家技术监督局批准，发布了《服装号型》国家标准，全套共有男子、女子、儿童三项独立标准。号型表示方法为"号/型"，其中，"号"表示身高，"型"表示净体胸围或净体腰围，体型代号以 Y、A、B、C 表示胸围和腰围尺寸之差，如 170/88A、175/96B 等。

3. 人体体型差异

由于男女骨骼、肌肉和皮下脂肪的沉积程度不同，男女体型特别是躯干部的外观形态有较大差异。男性颈粗，肩宽，胸背宽厚，腰粗，腰节短，臀部窄小，躯干外形正面呈倒梯形。女性则颈细长，肩窄薄，乳房丰腴隆起，腹部圆浑腰细，腰节高，臀部宽大并向后突曲线明显，整体呈 X 型，男女体型的差异使男女服装的廓型形态有明显的不同。

（二）服装款式设计与人体的关系

人体是由头部、颈部、躯干部、上肢部和下肢部组成，从人体竖向看，其骨骼支撑人体的高度，从横向看，其肌肉体现了人体的围度。整个骨骼、肌肉、脂肪、皮肤毛发等构成了人体外形。人体的形态和运动又直接构成了服装的款式。无论是披挂式的，还是套头式的，无论三开身的，还是四开身的，都是以人体为基本形态而变化的，由此充分体现了人体特定形态运动而产生的特定的服装款式。

服装款式设计的对象是人，是美化和装饰人体，表现人的个性与气质的一种手段。款式设计的第一目的是适合功能——美化人体。同时，按照服装美学原则，用服装款式更好地美化人的形态，展现人的体态气质。服装款式不仅起到满足衣着功能，掩盖人体缺陷和美化人体的作用，还必须适应人体在运动和静止情况下能起到保护人体，调节身体机能的作用。就一般情况而言，人们在穿着服装时，对服装的舒适性要求是不同的，如休闲装的宽松性，西服的严谨性，牛仔服的洒脱性等，款式设计要了解、掌握人体体型的基本动态规律，人体运动与服装的关系。

随着时代的变化，社会的发展，服装款式也随着社会、经济、审美等因素而不断变化，但无论款式变化如何，根据人体的结构，服装款式必须是由上衣、裙、裤与连衣裙、连衣裤等形式组成。款式设计是从平面设计过渡到立体设计的过程，在其平面设计中始终要把握人体的形态与比例，明确男、女、童体型的不同之处。

服装款式的美最终是与人结合在一起的，款式与人之间的关系为：人是主体，服装永远处于陪衬地位；服装的款式、色彩、材质、图案的设计都要以表现人的美为原则。

第二节　服装款式设计的程序

一、服装款式设计的方法

（一）服装款式廓形的设计方法

服装廓形又称为款式的外形线或剪影。服装作为一种直观现象，呈现在人们视野中的首先是剪影般的轮廓特征——外形线。服装外轮廓的变化是款式设计的关键，是反映服饰风格的主要视觉要素之一，最能敏感地反映服装流行的特征，是体现时代特点至关重要的因素之一。欧洲 18 世纪的女裙与中国清宫旗袍的廓形比较，其外形差异一目了然。因此，服装款式的廓形是描述服装特征的重要方法。

1. 服装廓形的类型划分

服装的廓形，是对服装外轮廓进行的简洁扼要的概括性线条描述，是用平面形对服装实体三度空间所做的平面化解释。廓型的类型主要有：平面几何型、立体几何型、物象型、叙述型以及字母型。

目前全球对服装廓型的分类主要是以字母法命名的廓形特征为多，字母形的外形线主要有 A、H、X、T、O 等几种类型，字母分类是服装外形由复杂向简单、由具象向抽象、由内涵向外延过渡的分类方法，具有服装外形审美特征的特殊性和典型性。

A 型：A 型是最具流线感的款型。其立体造型呈圆锥形，窄肩，向下至底摆渐宽，强调款式下摆的宽大程度，具有活泼、潇洒、青春活力之感，常用于连衣裙、礼服等的设计。

H 型：H 型又称矩形、箱形或布袋形。强调肩部的方正感觉。其立体造型呈较宽松的长方形，服装款式外形强调平直，自肩部直顺而下，不收腰部，筒形下摆，平面造型的展示形式为大写英文字母 H 而得名。具有修长、轻松、简约、舒适之感。常用于休闲装、居家服、运动服及男装的款式设计中。

X 型：X 型最能突显女性优雅曲线美。主要表现为腰部的收缩，以烘托肩部与下摆的宽度。平肩宽、细腰、阔摆，具有柔和优美、女性味极浓的性格特点。多用于女性服装，以突出女性曲线为目的。常用于经典风格和淑女风格的女装设计。

T 型：T 型派生出 Y 型、V 型，通过水平与直线的相交，夸张肩部，内收下摆，形成上宽下窄的造型效果，充满大方、威严的气质，具有挺拔而有力，雄健俊美的男性特征。常用于男性夹克、T 恤衫、大衣等。

O 型：其外形类似圆球形或椭圆形，其肩、腰及下摆处没有明显的棱角，腰部线条松弛，上下略窄，中间膨大，整体外形饱满、圆润。具有休闲、舒适、随意、洒脱之感。常用于休闲装、运动装、居家服、胖体及孕妇装。

2. 服装廓形的设计要点

服装款式的廓形变化是以人的基本形体为基准的，人体的体感部位使款式在设计时具有千变万化的可能性。服装款式离不开人体的基本特征，所以廓形的变化是有规律可循的，设计者虽不能随心所欲地脱离人体对款式外轮廓进行变化，但可以根据人体的静态与动态做多种变化。

影响款式变化的主要部位有：肩部、三围、底摆。

（1）肩部。"肩部的处理是设计师表现设计风格的一个重要部位。"[1] 人体肩部共有五种现象，即正常肩、平肩、溜肩、冲肩和高低肩。而款式的廓形都必须根据肩部宽窄、高低等形态进行变化。世界设计大师皮尔·卡丹是最擅长肩部设计的，他曾从中国古建筑的房檐翘角中获取灵感，设计出颇具特色的肩部造型。20 世纪 80 年代流行的阿玛尼的宽肩也是服装肩部造型的一大突破，创造了一种全新的男子气的女性美。

（2）三围。服装款式中将胸围、腰围、臀围合称三围，三围的变化对廓形的影响举足轻重。

胸围：胸围对女性整体造型美影响极大。胸部对服装廓形的变化起着不可忽视的作用，特别是现代女装服装设计中常以塑造健康、丰满的胸形为美。

腰围：在款式设计中，腰部的变化非常丰富，在款式设计中有着举足轻重的作用。其变化特点有：①束腰和松腰，一般把它们归纳为 X 型和 H 型。其中 X 型强调的是女性身材的窈窕、纤细柔和之美。H 型表现的是宽松、简洁自然休闲的风格。这两种造型在 20 世纪近百年中经历了 X→H→X 的多次交替变化，体现了鲜明的时代流行特征。②腰节线的高低变化。腰节线高低的不同变化形成了高腰式、中腰式、低腰式，由此带来了款式比

① 　肖琼琼，肖宇强. 服装设计理论与实践［M］. 合肥：合肥工业大学出版社，2014：55.

例上的明显差别，使款式呈现了不同的形态和风格。

臀围：对廓形影响最大。腰、臀之差的比例，直接影响款型的整体外形美，18世纪欧洲贵妇束腰和裙撑，纤细的腰肢，庞大的裙子，产生一种炫耀性的装饰效果。而现代牛仔裤紧束臀部的现象都是针对臀围变化所做的夸张处理。

（3）底摆。底摆是服装的底边线，包括上衣和裙装的下摆，裤装的脚口。底摆的长短、宽窄及其形态的变化直接影响到款式外形线的比例、情趣和时代精神。底摆的变化，很大程度上直接反映了服装的流行形态。底摆形态的变化使服装外形线呈现多种风格与形状；底边线和长短演变给当时的服装界带来颇具影响的时髦效果。

3. 服装廓形的设计方法

服装廓形设计的方法多种多样，主要有几何造型法、原型位移法、直接造型法。

（1）几何造型法。运用现代平面构成中的增加、减少、覆盖、减缺、透叠等有关原理，经过从基本形、可塑形、固定形三个步骤逐步完成，达到较理想的服装廓形。

基本形的产生：根据人体，画出多种不同的几何形块面，把它作为廓形设计的基本形。

可塑形组合：将基本形与基本形组合构成可塑型，可塑型组合，不受任何思维的约束，可展开丰富的想象力，使之达到款式造型的初步形象，形象要求符合服装的形式。可塑型的特点及要求：首先应满足视觉舒适，使其符合视觉美感，达到整体造型美；其次，注意服装的生理舒适性及穿着特点，使其符合人体结构及运动需要；再次，构造可塑形要灵活运用组合手法有效增加视觉吸引力，对形状的夸张变形时要强调其特征。

固定形构成：固定形是款式廓形的最后阶段，它直接体现了服装款式造型的整体效果，可塑形越单纯，越接近造型形象，固定形的实现化越明确，视觉感越清晰；反之，可塑形越复杂，造型形象越难以明确，固定形的实现化越模糊，视觉感越弱。

总而言之，基本形、可塑形、固定形之间的组合变化关系是因果关系、递进关系、局部与整体的关系，只要其中一项发生变化，其他几种形态也会相应发生变化。通过几何造型法的训练，开拓思维，理解设计意识，获取表现方式，是一种科学+形象的思维方法。

（2）原型移位法。所谓原型，具有两种情况：一是根据标准人体而得到的最基本的造型服装，此服装可作为原型移位的基础廓形图；另一种是以廓形为原型，加以联想、展开想象，而获得全新的服装廓形的形象。

原型移位法的显著特点是，在参照物的原型基础上变化产生新的廓形。原型移位法，可以简便并任意地对某个原型的关键部位进行空间移动，在位移的过程中，往往会出现意想不到的廓形。

（3）直接造型法。运用立体裁剪的原理，把布料披盖在人体模型或模特身上，再根据设计要求直接创造新廓形，以取得款式廓形的直观效果，称为直接造型法。其特点：一般不剪开布料，只用大头针固定造型，整体廓形表现直观准确。此方法常用于不擅长绘画的设计者使用，也能使设计者培养出良好的服装感觉。

（二）服装款式局部的设计方法

款式的局部设计，又称为部件设计。除服装款式廓型外，影响和指导款式变化的就是款式的局部设计。它是服装上具有功能性与装饰性的主要组成部分，包括衣领、衣袖、口袋、门襟、纽扣等的设计。

1. 衣领的设计方法

服装款式的衣领是服装局部设计的重点部位之一。领子是人体脸部以下最引人注目的部位，领子设计成功与否，关系到整体款式设计的成败，常人所言的"一衣领为首"即是此道理。服装款式与人的脸形和体型的组合是否和谐美观，很大程度上取决于衣领的造型。

（1）衣领与人体颈部的关系。衣领的设计是以人体颈部的结构为基准的，一般设计衣领必须参照人体颈部的四个基准点，即前颈窝点、后颈椎点、颈侧点和肩端点。前颈窝点是指锁骨中心凹陷部位；后颈椎点是指脊椎第七节颈椎骨，即凸起部位；颈侧点是前后颈宽中间稍偏后的部位；肩端点指肩臂转折处凸起的点。

（2）衣领的分类及特点。衣领的整体结构包括领面、领线、领座三部分。

衣领的分类可根据不同的角度区别分类，按领型高低分，有高领、中领、低领之分；按衣领的造型分，有大领、中领、小领、无领之分；按领角分有方领、尖领、圆领、不规则领之分；按穿着状态分有开门领与关门领之分；按结构分，有领口领、翻领、立领、驳领之分。

按结构分类的衣领特点可分为以下方面：

领口领：又为无领，只有领围线而没有领面的衣领造型，其造型特点是领口的各种造型变化都是由领围线（领口）变化产生的，能充分显示人体颈肩部位线条的美感。主要有圆形、V型、方型等。

翻领：翻领是既有领围线，又有领面的衣领造型。其中有大、中、小翻领之分，广泛用于每个季节的各种服装的领式中。翻领中无领座式的为平坦领，有领座式的为翻立领，其变化主要体现在领角的长短、大小、方圆和领面的宽窄、工艺装饰的变化、有否领座等。

立领：立领是一种将领面竖立在领圈上的领式，其特点是立体感强，符合人体颈部结构。立领被视为是中国式的领型，具有典型的东方情调，充分体现典雅、端庄的美感。其变化在于领面的宽窄、装饰与领角的方圆等。

驳领：又为翻驳领，是一种衣领与驳头相连，并向外翻折的领型。最具典型的是西装领，其变化主要在于驳口线的角度，驳头的宽窄，串口线的高低，领角的造型变化等方面。

（3）衣领的设计要点。衣领是上衣最引人注目的部位，设计时首先要考虑四点：第一，领口设计要适合颈部的结构与颈部的活动规律；第二，领的设计要根据穿衣者的脸型和颈的特点进行设计，应以烘托穿衣者的美为目的；第三，领的设计可运用色彩、材质、装饰等工艺丰富其设计变化；第四，领子设计要结合流行趋势使之时尚化。

（4）衣领的装饰手法。在衣领设计中，特别是女装与童装的衣领设计，常用各种装饰工艺手段增强整体效果。主要装饰手法有：①运用辑明线的装饰手法；②运用镶边、褶裥等工艺装饰；③运用绣花、镶嵌、异色异质相拼装等工艺进行装饰；④运用拉链、扣祥等工艺装饰。

2. 衣袖的设计方法

衣袖是包裹人体肩部与手臂的服装局部造型，在整体服装中，是仅次于衣领的又一个重要部位。其设计的关键既要考虑符合人体肩部与手臂的造型，又要考虑适合人体上肢活动功能的特定需要，并要与整体款式相协调，注意其静态、动态的装饰美。衣袖的创新设计在服装风格上占有特殊的地位，是表现流行款式的重要组成部分。

（1）衣袖的分类及特点。袖子的分类方法很多，按袖长度分类，可分为长袖、中袖、短袖。

按袖片多少可分为单片袖、双片袖、三片袖、多片袖。

按袖子形态可分为瘦身袖、灯笼袖、泡泡袖、羊腿袖等。

按袖结构分为无袖、连袖、装袖和插肩袖等。

无袖：称为袖窿袖，即衣身袖窿的各种造型变化，其特点是袖子的造型只表现在袖窿的边沿处，常用于夏季服装、内衣无袖服装、女装与童装。

连袖：源于中式服装，是衣身与袖身连在一起裁制的袖型。主要有三种表现形式：①前后衣片与袖身相连的；②前后衣片分开，但与袖片相连的；③前后衣片与袖片均分开的。其特点是能充分体现人体肩部的自然美。

装袖：又称圆装袖，源于西式服装，是衣身与袖身分开裁剪，再缝制而成的袖型。其特点是造型美观，袖肩圆润、挺括，具有立体感效果，并可以通过各种手法达到美化体型的作用。

插袖：又为插肩袖，是袖身与肩领相连的一种袖型，穿着合体、舒适，既有连袖的活动自如，又有圆装袖的挺括感。造型特点是插肩的肩缝变化多样，适合于外套、运动装、大衣等服装的袖型。

（2）衣袖设计要点。袖子的设计变化主要在袖口、袖身与袖山的几个部分. 但不管其变化如何，都必须注意：第一，衣袖的设计要适应人体上肢结构与上肢的运动规律；第二，袖身的造型应与衣身及锁型相协调；第三，袖型的设计应有利于美化人的肩部；第四，袖型应与时尚流行相结合。

（3）袖型的主要变化特点。袖型的变化主要表现在袖山、袖身、袖口的变化上，并因其变化而产生不同的风格。

袖山与袖身：主要是袖山弧线高低的变化。一般而言，袖山越高，袖身越瘦，其造型越贴体，美观性越强；袖山越低，袖身越肥，其造型越宽松，美观性较弱。

袖口：袖口造型分为紧袖口、合体袖口、宽松袖口。紧袖口多在袖口处加袖克夫，或运用抽带式、松紧式、螺纹式袖口设计；合体的袖口一般是符合手臂的大小袖口，应用范围广泛；宽松式袖口具有喇叭状式宽大松弛的特点。

（4）袖型常用的装饰手法：①运用增饰附件体现装饰手法；②运用抽褶、镶边等工艺体现装饰手法；③运用异色面料拼合或辑线体现装饰手法。

3. 口袋的设计方法

口袋是服装上"兜"的总称，它既有实用功能，又具装饰变化的作用。从实用效果来看，口袋既是存放物品所需，又是寒冷气候中作暖手之用，同时，当人们把手插入衣袋时，还可体现特定的仪表、风度。口袋据其不同风格和制作工艺，还能美化、装饰服装款式。

（1）口袋的分类及特点。口袋按其造型与工艺制作的不同，可分为贴袋、挖袋、插袋、复合袋等类型。

贴袋：又称明袋、明贴袋，顾名思义是将剪下的口袋面布贴缝在衣服裁片上而形成的口袋。贴袋可分为无袋盖、有袋盖和外翻带盖三种。贴袋的特点是造型变化丰富，艺术风格多种多样：①儿童服贴袋，天真可爱；②中山装贴袋，稳重大方；③牛仔服贴袋，豪放洒脱；④少女服贴袋，活泼热情。

挖袋：又称开袋、暗袋，指先在衣片上剪挖出口袋，内衬袋里布，再缝合而成的口袋。挖袋的变化特点主要在袋口的挖线形状与有无袋盖的变化：横开挖袋；竖开挖袋；斜开挖袋；单嵌线无袋盖挖袋；双嵌线无袋盖挖袋。

插袋：又称暗插袋、夹插袋，指在两层衣片中缝制的口袋。其特点是能保持衣片的完整性及衣服表面的光洁，但在袋位的选择上受到衣片结构的限制。

复合袋：又称袋中袋，指两种或两种以上的口袋综合设计在一起的袋型，主要作用兼具功能性与装饰性。

（2）口袋设计要点。口袋设计应在实用与装饰功能相统一的前提下，力求新颖多变，设计时主要考虑以下方面：

衣袋与手：要了解手（手臂）与口袋的关系。实用型的口袋要以手（手臂长）的尺度为依据，一般来讲，手宽决定口袋的宽度，手长决定口袋的深度。口袋的位置安排原则上应有利于手的插放及手臂的活动规律：衣袋配置胸部；上衣袋配置腹部左右两侧；下衣袋在胯部前侧或旁侧。

袋型与整体：衣袋与款式整体要协调，包括口袋型与服装款型的大小比例；口袋与整体色彩的搭配等，袋与袋之间都应注意其比例关系的统一和谐，以求与整体款式取得多样统一的艺术效果。

（3）口袋常用装饰手法。

辑线装饰：在款式设计中，对职业装、制服等较庄重服装的口袋常采用较严谨的工艺装饰手法，通过辑单明线、双明线、粗明线、细明线及异色线进行装饰。

绣花、褶、裥工艺装饰：在女装、童装款式设计中，口袋常采用绣花、抽褶、制裥等工艺装饰手法，使口袋在与款式整体相协调的情况下，更具有时尚性，富有装饰性。

增添附加物工艺装饰：在休闲装、男装、童装的款式设计中，常可用纽扣、襻、拉链、襻带、花边等进行工艺装饰，以取得多种艺术效果。

4. 门襟的设计方法

在服装款式设计中，除了领、袖、口袋为局部设计的重点外，还要考虑门襟的设计。门襟又为搭门、叠门，是款式设计中的又一个重要部位，门襟的设计要根据款式的变化而变化。中国清代服装的琵琶襟、一字襟是门襟的优秀范例。

门襟主要有正门襟、侧门襟、对门襟、明门襟和暗门襟等类型。

正门襟：是搭门线在款式的中心，呈左右对称，产生统一、严肃、庄重之感。常见的有西服、中山装及各种休闲装。

侧门襟：搭门在款式的一侧，呈不对称式的偏门襟状，产生生动、活泼、别致的效果。典型的是中国旗袍及民族服装。

对门襟：无搭门形式，在开襟处一边缝上一块里襟即可，具有典型的东方汉民族服饰的特点。如早期的偏襟大褂，男子的对襟大褂。

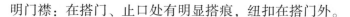

明门襟：在搭门、止口处有明显搭痕，纽扣在搭门外。

暗门襟：在搭门、止口处无明显搭痕，纽扣在搭门里面，外观看不到纽扣。

门襟在设计时要注意：不同结构的款式风格不同，其搭门的设计也是不同的。搭门的设计要与服装整体风格相一致；根据不同搭门分类，要注重款式搭门与各局部的协调关系；门襟的形态与结构应与衣领的设计相一致，否则，将会给工艺制作带来一定困难；门襟的长短、位置的确定要注意与衣身的比例关系。

5. 纽扣的设计方法

纽扣在款式中起到连接扣紧、固定服装的作用，是款式中不可缺少的部件，其功能性极强。同时，纽扣又可以通过色彩和造型材质起到装饰作用。由于纽扣在款式中常处于显眼的位置，要正确选好纽扣，使纽扣在款式中直接达到"点睛"效果，力争加强服装的美感。

（三）服装款式细节的设计方法

在人们的视觉中，细节通常是精彩、生动的点缀，成为服装设计的点睛之笔。服装中往往通过细节为设计的款式注入神韵，满足人们衣着的审美需求。款式的细节设计是指款式廓形以内的各种分割线、省道以及褶裥的设计。其细节设计可以增强服装的机能性，使其更符合美学原理。细节设计可以体现流行的元素和设计者设计功底的深浅。常言道：细微之处见精神。设计者可以通过细节设计寻找更多更好的创新亮点，使总体设计别具一格、独具匠心。

1. 分割线的设计

服装分割线是将服装廓形内的整体块面依据人体曲面形态与廓形要求所设的开刀线。分割线是服装内部造型布局的重要手法之一，既具有造型特点，又具有功能特征，对服装造型与合体性起到主导作用。分割线的目的是使款式在保证符合比例美的前提下，增强服装的层次感、立体感，增强其装饰效果，达到服装的适体美观性。

服装中各种形态的分割线，一般分为纵向分割、横向分割、纵横交错分割、斜线分割、弧线分割和自由分割六种类型。

纵向分割：具有引导视线向上的增高感。如纵向分割过多过宽，则产生横向扩张的视错觉。

横向分割：具有引导视线作横向扩张的增宽感。如等距离水平分割排列多条以上，则产生增高的视错觉。

纵横综合分割：能带动人的视线左右上下移动．达到运用不同视错美化造型的目的。

斜线分割：其关键要以斜线的倾斜程度决定分割的效果。接近垂直线的斜线分割，有增高感，接近水平线的斜线分割，有增宽感，45°的斜线分割，动感效果最强烈。

弧线分割：优美柔和的曲线、弧线取代胸、腰、臀位的短而间断的省道线，运用视错效应，巧妙、自然地将起伏有致的人体表现出优雅的美感，具有独特的装饰作用。

2．省道线的设计与运用

省道是依据人体起伏变化的需要，把多余的布料剪掉或缝合，制作出适合人体形态的服装。被剪掉或缝合部分就是省道，其两边的结构线是省道线。省道是围绕某一最高点转移的，形状基本为三角形。

省道设计是为了塑造服装合体性而采用的一种塑型手法。

（1）省道的分类与特点。省道多运用于女装设计。女性的人体特征是胸部突出后腰凹陷，腹部稍隆起圆浑，整体腰部较细，臀部较宽，所以需要在腰、臀、腹部作适量的省道，使服装在腰部合体美观。

省道按其所在人体的部位分类，有胸省、腰省、肩省、臀位省、腹省、背省、肘省等。

胸省是塑造女性胸部造型的省道，是女装至关重要的造型要素。以胸高点（BP点）即女性胸部最高点为中心，采用360°展开成许多放射线而形成不同位置的省道；腰省是为了强调腰肢的纤细：肩省是为了适应肩胛骨凸起：背省是依据人体背部曲面而产生的省道，其原理与胸省一样，都是为了服装外观造型的优美适体。臀位省是为解决臀腰差使下装依附人体而设置的。由于男女体型的不同，导致男女下装的省道也略有不同。在现代社会中，服装追求简洁实用，为强调臀部的丰满，对臀位省的设计要求也更高。

（2）省道线的设计与运用。省道线的设计与变化直接影响到服装款式的变化。设计过程中应考虑到省的位置长短、省量的大小等因素。

在服装款式设计中，省道的连省成缝设计对服装款式的内部分割设计的影响尤为突出。省道的连省成缝设计是指为适应人体曲率的变化．在不影响款式廓形的基础上，将省道与省道相连形成衣缝来代替分割缝，亦称为连省成缝。连省成缝可使服装的线条更富有变化，穿着更合体美观。如衣缝代省的侧缝、背缝等和以分割线代省的公主线、刀背缝和过肩线等。

3．褶裥设计与运用

褶裥是服装中将面料聚集而形成的皱褶，具有取代省道和美化款式的功能。其中，褶是部分衣料缝缩后形成的自然皱褶。裥是衣料折叠烫平而形成的有规律、有方向的褶子。褶裥与省道比较，褶裥静态时收拢，动态时张开，而省道是固定缝合的。省道的运用具有合体化，褶裥的运用富于变化和立体感。

（1）褶裥的分类与特点。褶裥可分为两种：人工褶和自然褶。

1）人工褶：人工褶为有规律的褶裥，是经过人为加工折叠形成，即把面料折叠成多个有规律、有方向的褶，是经过熨烫定型而形成的，其褶具有整齐大方、端庄高雅之感。根据折叠的方法和方向的不同，可分为顺褶、明褶、暗褶、对褶、抽褶等。

顺褶：将面料向同一方向折叠的褶裥，如百褶裙。

明褶：左右相对折叠，两边呈裥，如男猎装的大小口袋。

暗褶：左右相对折叠，中间呈裥，如背中缝的褶裥。

对褶：从中间向两边折叠的裥，如对褶裙的褶裥。

抽褶：抽褶常用于女装或童装中，体现典雅细腻、精致华美。抽褶的方式有多种：①用缝纫机放大针脚在布料上辑缝后，将线抽紧形成的皱褶；②用橡筋、带子等缝进布料后将其抽紧形成的皱褶；③有将长度不同的面料缝缩后抽出的细碎小皱褶；④有将薄型面料缠绕堆砌在一起的皱褶。

2）自然褶：自然褶的褶自然下垂，生动活泼，具有洒脱浪漫的韵味。

自然褶是运用面料的悬垂性或经纬线的斜度自然形成的褶，是立体设计中常用的褶。自然褶起伏自如、优美流畅，充满自然飘逸的韵律感。

（2）褶裥的设计与运用。褶裥主要用于修饰形体与局部的装饰。所具有的作用具体如下：一是美化服装，由于褶裥具有多层次的立体感，层次疏密的变化动感和肌理效果，能产生奇妙的层次感和光影美，达到装饰美化服装的效果；二是代省适体，褶裥的伸缩性，可以替代省道，使服装舒适合体；三是具有朦胧感，重叠的褶柄，能有效改善和减弱面料的透和露，产生朦胧的美感。

二、服装款式设计的阶段

（一）准备阶段

服装设计的准备阶段根据设计任务的不同，工作量会有着较大的差异。一般而言，准备阶段包括有计划工作和收集信息工作。

对于服装品牌来说，季度性服装产品的开发在进行研发设计之前，首先需要制定一个产品计划。这个计划需要对接下来服装产品的数量、品类构成、设计进度等问题做出规定。而不进行批量化生产的这一类服装设计行为，也应当在创意的最初对服装的穿着对象、用途、表现风格等基本信息有着大致的规划。

接下来是收集信息的环节，其主要工作内容是收集各种对服装设计必需和有利的外界信息，目的是为产品创意和研发提供依据。信息收集工作虽然基础，但却是非常重要的环节，一般而言，信息的收集应当满足真实、全面、准确、及时四项标准。对于服装品牌来说，信息的收集工作理应在产品计划表制定之前进行，以提供可靠的数据支持。但考虑到计划的制定往往能够为资料搜集指明方向，提高工作效率和准确率，因此多数企业都会先制定一个基本的产品计划表以指导接下来的信息搜集和设计环节，并在设计理念不断丰富的过程中对该计划进行微调。

信息的搜集主要由市场信息和流行信息两个板块组成。主要包括有流行色信息、面料信息、风格款式热点、搭配样式、功能与工艺技术、行业动态、参照品牌特色卖点等。不同品牌或设计师侧重点的不同决定了信息搜索的范围、信息量的大小以及参考资料的内容。

（二）构思阶段

构思阶段是设计与产品研发的核心环节。这一活动是一种在掌握了大量感性和理性材料的基础上，策划、选择一种理想的方案，并加以提炼、创意，最终塑造出服装形象的过程。

服装设计构思一般是从灵感开始的。准备阶段中获取的大量素材并不意味着能直接转化为设计构思所需的灵感。这一灵感往往是在考察了大量信息的基础上，受到某些外部因素的刺激和激发而出现的奇想和顿悟。它与设计师长期积累的审美观和设计素养密不可分。灵感一旦形成就可以进入主题设定的阶段，接下来便是围绕这一主题，对服装的风格、廓型、色彩、面料、装饰细节、功能、搭配等元素进行大致的构想，描绘出初步的服装设想。在构思阶段，设计师往往会通过一些草图的形式将灵感和创意记录下来。

在构思的过程中，设计师不仅需要对服装的造型与表现进行创意，同时还要考虑到该设计的经济性和服用性，若是进行批量生产，成本需要控制在什么范围内？制作过程中是否有足够的技术和实力来完整、准确地实现设计意图等。对于创意服装设计来说，其服用性的要求一般低于成衣设计，但仍需要考虑其可穿着性。

（三）设计阶段

设计阶段是服装设计流程中最重要的组成部分，是灵感与构思的具体实施阶段。

在构思环节，设计师已经对设计主题、产品风格、色彩感觉、面料图案、造型与典型细节等有了大致的规划。但这个仅仅还只是一个初步的想法，如何将这个方案表现出来，并且能让结果不仅仅符合最初的创意，同时也满足美感和功能的需求，这是设计阶段需要解决的问题。

在设计阶段，设计师需要将文字型的方案或者是简略的手稿翻译成准确的图形。这一图形化的过程往往是通过服装效果图和平面图来实现的，同时，画稿的工作在现代服装设计中越来越多地采用电脑制作的方式。在具体的设计中，设计师应当围绕设计方案的构想和要求对服装的色彩、纹样、廓型、装饰、搭配等方面进行具体创意和表现。

（四）制作阶段

制作阶段可以分为两个过程，首先是服装样品的制作，其次才是正式成衣的制作与生产工作。

样衣的制作是非常重要的环节。一般而言，服装效果图是无法充分表现实际的造型和穿着效果的，这一点对于平面效果图来说尤为明显。在进行正式的成衣制作之前，设计师们往往会进行样衣的制作以确定服装成品的效果，并加以修改。通常在进行样板制作之后，会选用白坯布作为试制服装的面料，而服装企业的样衣则会直接采用最后成衣生产所需的面料以检测该面料是否能贴切地将原有设计展现出来。在进行样衣制作的时候，尺寸往往会选择服装号型中的中间号型（具体的样衣规格与尺寸可依据设计针对人群的不同进行调整），以方便成衣的样板缩放和批量化生产。

样衣经过试制、试穿、调整后，进入成衣制作的阶段，服装企业根据样衣的尺寸进行号型的推版，并最终生产出符合各个体型特征的服装产品。

第三节　服装款式设计的表现技法

服装款式设计中常用来表达设计构思方法的形式有两种：一是服装效果图，二是服装款式图。

一、服装效果图的表现

服装效果图又称为时装画，是服装设计艺术构思的表现，其强调设计构思的款式造型、色彩配置、面料组合以及材质感和艺术夸张性，使之能直观地感受到设计的效果及夸张的部位、比例，整体与局部的省略等，使人体着装效果符合设计构思的表现。

服装效果图又是一种商业性的绘画，其中包括服装广告画、服装宣传画、服装杂志插图等，它们可以根据商业的需求任意地夸张、变形、强调、省略，服装效果图注重的是绘画的技巧，强调气氛和视觉效果，充分体现设计师的设计构思，烘托服装的美感和表现完美的画面效果。

二、服装款式图的表现

服装款式图是在设计效果图的基础上，对构成服装款式结构的具体表现，主要表现的是服装的平面状态。服装款式图是服装板型完美的依据，是服装工艺实施的保证。

由于服装款式图表现的是平面结构图，因此追求的是准确的尺度，工整严谨的线条，服装各部位的比例，符合服装的整体规格及线条的圆顺。它还包括了服装的正面、背面的款式结构，省位的变化，各种分割的细节，纽扣的排列，袋口的位置等详细的图解。服装款式图表现的准确性是设计具体实施的依据，是保障生产产品效果的基本条件。

服装款式图是构成服装款式结构的平面结构图，是用平面的方法表现服装的款式结构，既是设计师设计意图的表现，又是制版师、工艺师完成成衣的重要依据，绘制准确的服装款式图是服装设计师必须掌握的基本技能之一。

（一）服装款式图的特征

服装款式图要对服装各具体部位的结构造型进行详细的描绘说明，包括服装轮廓造型、局部造型、内分割及其他特殊的细节装饰；并且要能明确提示服装整体及各关键部位的结构线、装饰线与工艺制作要点及服装选用的面料。

服装款式图的特征主要有：第一，服装款式各部位的形状、比例要符合服装的规格尺寸，整体达到工整准确；第二，各种线条使用规范、清晰，强调结构图中的工艺美感；第三，绘图的线条一般使用单线条勾勒，要求流畅、圆顺、整洁，有利于服装结构的准确表达。

（二）服装款式图的展现

绘制服装款式图可以借助于绘图工具或者手绘，绘制过程中应准确地掌握其线条的运用。服装款式图中常用的线有粗实线、细实线、虚线。其中，粗实线是体现服装款式的轮廓线；细实线是体现服装款式的内部分割线、省道线、装饰线；虚线体现服装款式中所有的缝辑线。

（三）服装款式图的绘制

1. 服装款式图的绘制步骤

绘制服装款式图要求绘制者首先弄清楚服装结构，同时熟练地掌握绘制的技巧，然后按照先整体再局部，先外轮廓再局部与细节进行绘制。要注意款式比例的准确，结构的完整，线迹的清晰明确。

步骤一：画出款式基本轮廓。

步骤二：画出款式大的轮廓。

步骤三：画出款式的内部细节。

步骤四：进行款式整体润色。

服装款式图常使用的绘制工具有铅笔、橡皮、黑色水笔、签字笔以及绘图纸、直线尺、三角板、曲线板等。款式绘图中不论用哪种线，都要求直线要画得横平竖直，线迹均匀，弧线圆顺，注重对称。

2. 服装款式图的绘制方法

服装款式图的绘制方法主要有格律绘制法、模板绘制法和徒手绘制法等。

（1）格律绘制法。在我国传统工艺美术图案中，常采用九宫格、米字格等格律为构图、布局、结构的主要手段，并一直沿用至今。服装款式图的格律运用，主要体现在人体外廓形上，将九宫格、米字格按人体的主要结构点组织格律，构成 16 格，25 个节点，形成了款式构成分割、定位的依据，并以此作为款式变化定位的根据。为能准确画出款式格律图，可根据服装效果图中八头身人体比例画出人体基本形的立面图。此种人体基本形的立面图，可用硬纸板先做好格律图模板，学生做作业时可使用。

为更好地表现不同的服装款式，可根据各种款式的长短不同，画出长款服装格律图和短款服装格律图纸模，再根据服装效果图绘制服装款式图。

绘图时要求仔细审视服装效果图或服装照片中的服装整体、局部及各部分的分割细节关系等，按格律形式（注意不需要画透视，不需画人物形象、姿态、动作），用立面图或平视法表现，形成规范、标准的服装款式图。

（2）模板绘制法。运用几何格式模板，将着装人体或人体着装照片，通过认真仔细审视后，在几何格式内画出服装款式图，注意一切都按人体头长比例的运用进行。

第一，上装的绘制。上装包括衬衫、夹克、西服、T恤、牛仔衣等，上装的款式造型的变化是衣身、领、袖等多种元素的不同组合而形成了各异的风格。绘制时要注意衣身的宽窄、长短，衣领、袖子的款型，结构线的处理以及细节装饰等。

绘制步骤：确定服装基本长度，画出与效果图相似的外形（根据款式与人体头长比例）；确定服装的基本宽度，肩宽略为两个头长，胸、肩臀略同宽，腰围一个头长，领宽为肩宽的三分之一，领深按款式图表现；用粗实线画出服装款式基本轮廓，连接肩斜；用细实线画出服装款式的内分割线及更多款式细节，如过肩、袋型、滚边以及纽扣等；用虚线画出服装款式上的缝迹线。

第二，下装的绘制。下装主要分为裙装和裤装。

一是，裙装的绘制：裙子的种类很多，其变化主要在裙腰、裙片的设计，省道、剪接线以及装饰设计等。

绘制步骤：先画出裙子基本模板；根据效果图用粗实线画出裙的外轮廓线，确定裙的长度和摆的围度；用细实线画出内部分割线及款式的细节线；用虚线画出裙子的缝迹线。

画裙子时，注意腰、臀省道线的转移及变化，因省道及剪辑线或裙的灵活多变与巧妙结合往往构成了裙装变化多样的风格特点。

二是，裤装的绘制：裤子的种类繁多，款式变化丰富，绘制的重点是裤子的外轮廓造型、裤腰、门襟、脚口的变化及裤口袋的款式及装饰。

绘制步骤：先制定裤子的长度模板，注意两侧对称；根据款式效果图，用粗实线画出裤装的外轮廓线、裤腰；用细实线画出前门襟及裤子的内分割线及款式的细节，如口袋、脚口；用虚线画出裤子缝迹线，完善裤子遗留的各种细节。

第三，局部与细节的绘制。服装的款式造型是由服装的局部及细节所构成。服装的局部包括领、袖、口袋等部位。服装的细节是指使服装合体舒适并便于运动，具有装饰性美感的线，包括省道线、分割线、褶裥等。在画服装平面结构图时，应注意服装各局部与结构线的协调性与整体性。

衣领的绘制：衣领是服装局部中极富变化的部分，衣领绘制步骤是：先画好领线，注意后领线以及转折部分要与人体颈部的弧度相吻合；确立领座的高度，画出领子的翻折线；根据领型画出领子的外轮廓造型；画出领部装饰等。

袖子的绘制：袖子的造型由袖窿、袖山和袖身组合而成，画袖子要注意肩、袖的连接，不同的袖型其袖肩呈现不同的线型特点。一般装袖的肩部线条挺括刚劲，插肩袖肩部线条圆顺柔和，以体现人体自然肩型为美。

（3）徒手绘制法。徒手画法就是不需要用体型格律和几何模版、人体形态、人台等而直接绘制款式图的方法，其难度较大。服装款式中的造型、比例、与款式细节是服装变化的关键点。必须注意的是徒手绘制服装款式图，要画得接近人体状态才比较好看，所以自己头脑中应始终要有人体形态和比例的概念，款式可以千变万化，但人体形态和比例始终不变。通常徒手绘制款式图，需要根据目测款式的形态和比例，判断绘制出服装款式。

第四节　服装款式设计的流行规律与理念

随着经济水平的提高，人们对物质、精神文明的追求不断更新、不断提升，"流行"这一概念满足了人们求新、求异的心理。深入了解和分析服装款式设计的发展变化规律，借助服装款式的丰富变化表现服装的内涵和风格特征，是服装设计师的设计修养与设计能力的综合体现，也是对新一代服装设计师提出的更新、更高的要求。

一、服装款式设计的流行规律

流行，这一概念起源于 17 世纪中期，盛行了半个世纪的西班牙风格被"巴洛克"风格所取代，并席卷欧洲，于是人们把这种一度风行的潮流称为"流行"。"流、行"二字在汉语词典中都有流传、传播的释义；《辞海》中对"流行"一词的解释为"迅速传播或盛行一时"。流行作为一种社会现象，是指一定数量比例的人群在较短的时间内，对某些事物的崇尚、模仿，并使这些事物在整个社会生活中随处可见，从而使得人们相互之间广泛传播和感染，形成一时的风尚。如流行语言、流行服饰等。

"流行"是新的观念意识的反映，是人们追求新鲜事物，满足心理欲望的向往，体现了社会的时代风貌。

（一）服装款式流行的心理因素影响

服装的流行受多种因素的影响，包括经济因素、科技因素、政治因素等，但其产生与发展却是人们心理欲望的直接反映。这些心理因素包括求异心理、从众心理和模仿心理。

1. 求异心理

服装款式流行的产生首先是个性追求的结果，是人们求新、求异心理的反映。在服装流行中，那些最先身着"奇装异服"的人，实际上表达了他们借助于服装，借助于社会公认和许可的审美手段，在社会认可的准则范围内突出自己形态优势的愿望。这种流行中个性追求的自我实现是流行的个人机能。人们的这种求新、求异心理，导致了服装流行的新奇性特征，即流行的样式不同于传统，是能够反映和表现时代特点的新奇样式。如 20 世纪 60 年代,欧洲女性在放任、自由的思想和心理作用下,在穿着上追求怪异和随意性,导致透明衣料的女装饰以小圆金属片流行。

2. 从众心理

"从众"是一种比较普遍的社会心理和行为现象,通俗的解释就是"人云亦云""随大流";从众心理是人们在社会群体或社会环境的压力下,改变自己的知觉、意见、判断和信念,在行为上顺从与服从群体多数与周围环境的心理反应。

一种新的服装样式的出现,周围的人开始追随这种新的样式,便会产生暗示性。由此对一些人便形成一种无形的压力,造成心理上的不安,为消除这种不安感,迫使他们放弃旧的样式,而产生追随心理加入流行的行列。随着接受新样式的人数增加,压力感也在增加,最终形成新的服装流行潮流。

3. 模仿心理

模仿是人的一种自然倾向,模仿是对别人行为的重复,模仿是服装流行的动力之一。模仿大致可分为直接模仿、间接模仿和创造性模仿。直接模仿即原封不动的模仿;间接模仿是指在一定程度上加入自己的意愿和见解的模仿;创造性模仿是在模仿中加以创造,既可使自己区别他人,又能跟上时代潮流。

作为设计师要牢牢把握消费者的心理变化规律,找准服装流行的基点,认真剖析流行的时代性及消费群体的地域、年龄、心理等具体特征,才能准确把握流行的方向,引导消费流行。

(二)服装款式流行的变化规律分析

1. 周期性的变化规律

服装流行的周期包括发生、发展、高潮、衰亡四个阶段。服装款式流行的周期性变化规律是指服装款式的流行按照由发生、发展、高潮、衰亡循序渐进的变化。通常流行的开始是有预兆的,世界各国时尚中心发布的最新时装信息,经由新闻媒介的传播后,对从事服装的专业人员和消费者形成引导作用,从而导致新颖服装的产生和迅速流行。

一般引领服装潮流的最初只是少数人具有超前意识或是演艺界的人士。随着人们模仿心理和从众心理的加强,再加上厂家的批量生产和商家的大肆宣传,穿着的人越来越多,这时候流行已经进入发展、盛行阶段。当流行达到高潮时,时装的新鲜感、时髦感便逐渐消失,预示着本次流行即将告一段落,下一轮流行将要开始。总而言之,服装的流行随着时间的推移,都经历着循环周期性。

2. 反复性的变化规律

服装行业里所谓的"长久必短，宽久必窄"，指的是服装流行的反复性变化规律，是一种流行的服装款式逐渐被淘汰后，经过一段时间后又出现大体相似的流行款式，这种流行的方式在原有廓形及结构细节的特征下不断地深化和加强，在服装造型焦点上、色彩运用技巧上、服装材料使用上，与先前的流行相比都有明显的质的飞跃。服装流行的反复性变化带有鲜明的时代特征，容易被社会所接纳。

3. 衰败式的变化规律

服装款式流行的衰败式变化规律，是指上一个流行的盛行期和下一个流行蓄势待发的结合点。服装产业为了增加某种产品的利润，在流行一定阶段后会采取一些措施以延长产品衰败的时间，同时又在忙碌着为满足人们再次萌生的猎奇求新心理而创造新一轮流行的视点。

4. 时空性的变化规律

服装款式的流行联系着一定的时空观念。时间与空间都有它们的相对性。在同一空间里要考察时间的长短；与此同时，在同一时间里也要辨别空间的异同。服装款式流行的时空性变化规律主要包括三种形式。

（1）自上而下的"滴流式"。"滴流式"指新颖的服装款式先出现于上流社会阶层，一般由上层的政治、经济以及演艺界名人率先穿着使用，然后通过各种媒介传播，在普通民众中形成某种程度的流行态势。如英国女王伊丽莎白一世为遮掩脖子后边的伤疤，使扇形的高耸于后领的"伊丽莎白领"风行一时。

（2）水平传播的"横流式"。现代社会，生活水平越来越高，等级观念淡薄，服装已不再是身份地位的象征。人们不再盲从跟风，自我表现意识不断增强。选择适合自身特点的穿着方式是现代社会中人们的主要着装方式。

水平传播模式是现代社会流行传播的重要方式，通过相互型、扩散型和渐次型等传播方式，在多元化、信息化、平等化的社会中，将社会阶层或群体中的所谓"风云人物""领袖人物"的生活着装的款式传播开来。

（3）自下而上的"潮流式"。"潮流式"是一种逆向传播方式，在普通社会大众中流行的服装款式，逐渐为社会上层所接受，从而形成全社会流行态势。牛仔服的流行就是一种典型。

任何流行服装款式最终都会过时，推陈出新是服装款式发展的规律。服装设计者应该具备对流行的敏锐观察、时代特点分析能力，才能创造出适合这个时代发展的新的服装款式，创造新的流行神话。

二、服装款式设计的流行理念

对于服装款式设计来说，网络以一种崭新的传播方式，改变着传统的设计理念。设计软件应用技术的不断开发和更新，网络化信息处理技术的不断升级，都影响着未来服装款式设计的手段和服装信息的发布形式。

服装款式设计网络化已经成为现代服装设计的新的流行理念，展现出超常的层次性、传播性和流行性。

在服装款式设计网络化新理念的引导下，文化服装款式设计、绿色服装款式设计、虚拟服装款式设计、超维服装款式设计等新型的设计理念开始流行。

（一）文化服装款式的设计

随着世界各国的文化交流更趋频繁，多元文化的融合拉近了世界的距离，同时也掩藏了各国各民族的特色文化。正因如此，迫切要求服装设计师在创新中运用不同的文化元素，来展示服装的文化内涵。在抛弃了民族文化传统后的网络化时代，民族文化又以后现代文化的姿态闪亮登上设计的舞台。因此，对于服装款式设计来说继承了民族文化传统，展现了深刻文化内涵的服装更具有生命力和市场竞争力。作为中国的服装设计师，寻觅中华民族传统文化之魂，发扬中华民族生生不息的民族精神，是非常有必要的。

（二）绿色服装款式的设计

神奇的大自然不仅给了人们赖以生存的丰富资源，还给了人们宝贵的精神财富。但工业化的高度发展，对能源、环境、生态造成了极大的浪费、污染和破坏，绿色服装设计正是在此背景下产生的。如今提出的低碳生活理念，实际上指出绿色设计是以节约能源和保护环境为主旨的设计方法，更多地从回归大自然的角度，将自然界的形态、色彩引入设计中去唤起人们热爱自然、保护自然的意识。因为，只有纯洁无瑕的大自然才能孕育出纯净的心灵。设计师可以采用各种形式、技法将清新纯粹的质朴感配合现代风格的先锋前卫，以自然主义朴实又变化无穷的姿态注入时尚生活中。

网络时代，生活的快节奏，精神的高度紧张，使得人们认识到田园生活的温馨与宁静。因此，新型的仿真面料，将自然界的植物和动物的肌理纹样表现得淋漓尽致，回归自然的色彩，舒适体的设计，在服装款式设计新理念的指导下，深受消费者的喜爱。

（三）虚拟服装款式的设计

目前，网络购物成为一种流行的消费方式，网络销售也就成为一种新兴的产业，各种网店应运而生。服装网店多如繁星，服装网络销售如火如荼、火爆异常。除了各大销售网站的成功运营模式，在服装网络销售领域，一种新的销售模式以崭新的姿态和其他商品无法抗衡的优势横空出世，那就是网络虚拟服装款式设计。

"虚拟时尚的发展是互联网时尚购物的新变革，它吸引了许多品牌的投资以及众多创意人士和设计师的参与。"① 虚拟服装款式设计就是利用计算机电子技术对面料仿真模拟，然后再用人体三维服装模型进行二维平面服装衣片的设计，并把服装衣片缝合后穿戴在三维人体模型上，可以立刻看到服装在人体上的着装效果。

虚拟服装款式设计，是服装设计师及计算机电子技术和动画技术最理想的结合。设计师进行在线设计，消费者只要上传自己身材的必要数据，如身高、胸围、腰围、臀围、年龄、所选服装的款式等信息，设计师便可以对话式地与顾客直接交流或与顾客共同设计，顾客可以任意选择面料和图案，设计师马上利用二维或三维技术，让顾客在自己的终端看到服装穿着动态效果，使顾客能购买最适合、最满意的服装。目前网上虚拟服装设计是当今网站销售服装最成功的方式。

（四）超维服装款式的设计

人类穿衣，是为了遮羞、保暖和美化，这是服装的三大功能。随着时代的变迁，经济的发展，人们对"美化"功能的要求越来越高。如今服装同质化竞争非常明显，缺乏个性化的服装款式。服装的个性，是服装自身所具有的风格特点，涵盖了历史时期的服饰文化、人文文化、时代潮流、民俗民风、知识层次、面料生产、制作工艺等诸多因素。设计发展到今天，千篇一律的风格已无法满足要求。人们不仅追求功能完善，还需要充实其内容，以达到心理情感上的满足。设计工作要求人们不断地去发展独特的思维方式，以满足消费者的个性审美需求。超维服装款式设计就是在这样的需求下产生的创新设计理念。这种创新，是建立在对服装款式的充分理解和对它的发展趋势准确把握的基础上的。

现代超维服装款式设计是把人、人的心理、人的视觉和人的审美及人的情趣等诸多因素考虑到产品的设计中，感性地显现设计理念，真正表现现代意义的美的设计方法。

所谓超维是指一维空间的线，二维空间的面，三维空间的体积，四维空间的时间，五

---

① 　金铭. 虚拟服装的时尚 ［J］. 疯狂英语（新悦读），2023，No. 1315（2）：18.

维空间的意念。在服装设计领域，更加注重的是着装对象的精神意志和个性审美追求。超维服装款式设计已经超出了空间的维度关系，注重对环境心理学和观赏心理学的运用，强调环境美和整体美，将服装款式的着装对象放在设计的第一位，通过服装设计和艺术设计相结合的手段，把色彩、光线、面积、位置、平面、立体、视觉及空间功能等结合起来进行设计，将人、服装与环境共同融合成为完整的服装体系。

第三章　现代服装的色彩设计与方法

第一节　色彩与服装色彩心理

一、服装设计中的色彩知识

"我们生活的世界多姿多彩，用眼睛看到的物体都有它独特的色彩。色彩起着先声夺人的作用，因此，色彩对造型艺术是极为重要的。"①

（一）色彩称谓

有关色彩的称谓有如下方面：

第一，原色。原色亦称第一次色，即指能混合成其他色彩的原料。红、绿、蓝这三色被称为色彩的三原色，这三种颜色是调配其他色彩的来源。

第二，间色。间色亦称第二次色，是两种原色调和产生的色彩，如红+黄＝橙、黄+蓝＝绿、红+蓝＝紫等。

第三，复色。复色亦称第三次色，是一种原色与一种或两种间色相调和，以及两种间色相调和的色彩。由于周围环境色彩的影响，世界上可见色彩中复色占据较大比例。

第四，补色。补色又称互补色。三原色中的一原色与其他两原色混合成的间色关系，即互为补色的关系，如原色红与其他两原色黄、蓝所混合成的间色绿，为互补关系。黄色和紫色（红色与蓝色的混合色）、蓝色和橘色（红色与黄色的混合色）也是同样道理。红与绿、黄与紫、橙与蓝构成 12 色相环上最基本的 6 对互补色关系，如果色相环颜色增加至 24、48、72 等，那么呈互补关系的色彩对数随之增加到 12、24、36 等。

第五，色调。色调是指色彩的基本倾向，是色彩的整体外观的一个重要特征，是色相、明度、纯度三要素综合产生的结果。色调按色相环上的色相可分为红色调、橙色调、

① 李彦. 服装设计基础 [M]. 上海：上海交通大学出版社，2013：188.

黄色调、绿色调、青色调、蓝色调、紫色调等。

第六，色彩的种类。人类视觉所能观察到的色彩从宏观上可分为有彩色系和无彩色系两大门类，两者构成了色彩的完整体系：①有彩色系有彩色，即色彩具有色相、明度、纯度三种属性，是色彩体系中的主体部分。在可视光谱中，红、橙、黄、绿、青、蓝、紫七色为基本色，通过这些色彩互相之间不同程度的混合，产生出无数新的色彩，色彩之间进行周而复始混合使色彩趋于接近无彩色，但就其实质而言，这些都属于有彩色系范畴。②无彩色系。无彩色不具有色相和纯度，只有明度变化的色彩，基本色是黑白，通过黑白色调和形成各种深浅不同的灰色系。

（二）色彩属性

认识色彩，学习色彩，必须从了解色彩的性质开始，即色相、明度和纯度，这就是通常称为的色彩三属性。

1. 色相

色相顾名思义就是色彩的相貌、长相，它是色彩的最大特征，是色彩的一种最基本的感觉属性。在人类最初使用色彩时，为了使其区分，对每一种颜色都有"约定俗成"的称呼，因此就有了色彩体系中的红、橙、黄、绿、青、蓝、紫等无数相貌的色彩，即色相。

德国文学家歌德曾对色彩进行了深入的研究，在其著作《色彩学》中阐述了三原色（红、黄、蓝）之间的关系。同时歌德还以实验证明了黄色和青色、红色和绿色、橙色和紫色这三组对比色，并形成了歌德六色色相环。

2. 明度

明度即色彩明暗深浅的差异程度，它是那种使人们可以区分明暗层次的非彩色的视觉属性，简称 V，这种明暗层次取决于亮度的强弱。明度是色彩的固有属性。在可见光谱中，由于波长的不同，黄色处于光谱的中心，最亮，明度最高；紫色处于光谱边缘，显得最暗，明度最低。同一种色彩，也会产生出许多不同层次的明度变化。如深红与浅红，深蓝与浅蓝，含白越多，则明度越高；含黑越多，则明度越低。在无彩色系中来比较，明度最高的是白色，明度最低的是黑色，同样在黑白之间也会产生各种不同深浅的灰色。

3. 纯度

纯度是色彩的饱和程度或色彩的纯净程度，它是那种使人们对有色相属性的视觉在色彩鲜艳程度上作出评判的视觉属性，又称为彩度、饱和度、鲜艳度、含灰度等，简称 C。纯度是色彩含灰多少的反映，纯度越高，色彩越鲜艳，含灰越少；反之，纯度越低，色彩越浑浊，含灰也越高。

（三）色彩混合

色彩的混合即是将两种或两种以上的颜色混合在一起，构成与原色不同的新色。色彩混合是构成绘画和设计的最初感觉，如 19 世纪 80 年代后期新印象主义画运用合乎科学的光色规律，以点状笔触将无数小色点并置，使观者混合色彩，创作大量的点彩派绘画。各类工业产品的色彩都是通过色彩混合调出来的。

色彩混合通常可归纳为三大类：加色混合、减色混合、中性混合。

1. 加色混合

加色混合即色光混合，其特点是把所混合的各种色的明度相加，混合的成分越多，混合的明度就越高。将红、黄、蓝三种色光作适当比例的混合，几乎可以得到光谱上全部的色。这三种色由其他色光混合无法得出，所以被称为色光的三原色。红光和绿光混合成黄光，绿光和蓝光混合成青光，蓝光与红光混合成品红光。混合得出的黄、青、品红为色光的三间色，如用它们再与其他色光混合又可得出各种不同的间色光，全部色光则混合成白色光。当不同色相的两色光相混成白色光时，相混的双方可称为互补色光。

2. 减色混合

减色混合通常指物质的、吸收性色彩的混合。其特点正好与加色混合相反，混合后的色彩在明度、纯度上都有所下降，混合的成分越多，混色就越暗越浊。这是因为在光源不变的情况下，两种或两种以上的颜色混合后，相当于白光中减去了各种颜料的吸收光，而剩余的反射光就成为混合后的颜料色彩。混合后的颜色增强了对光的吸收能力，而反射能力则降低。所以参加混合的颜色种类越多，白光被减去的吸收光也越多，相应的反射光就越少，最后呈近似黑灰的颜色。减色混合分颜料混合和叠色两种。

（1）颜料混合。平时生活中使用的颜料、染料、涂料的混色都属此列。将物体色品红、黄、青三色作适当比例的混合，可以得到一切颜色。这三种色无法由其他色混合得出，所以被称为物体色的三原色。三原色分别两两相混，得出橙、黄绿、紫称为三间色，它们再分别混合可得棕、橄榄绿和咖啡色，称为复色。三种颜色一起混合则成灰黑色。科学家认为人眼所能分辨的色彩超过 17000 种。

（2）叠色。叠色指当透明物叠置从而得到新色的混合。与颜料混合一样，透明物每重叠一次，可透过的光量会随之减少，透明度下降，且所得新色的色相介于相叠色之间，并更接近于面色（面色的透明度越差，这种倾向越明显），叠出新色的明度和纯度同时降低。

双方色相差别越大，纯度下降越多。但完全相同的色彩相叠出的新色之纯度却可能提高。

3. 中性混合

中性混合与色光混合类似，也是色光传入人眼在视网膜信息传递过程中形成的色彩混合效果。中性混合与加色混合的原理一致，但颜料和色光不同，加色法混合后的色光明度是参加混合色光的明度总和，而颜料在中性混合后明度等于混合色的平均值，既不像加色混合那样越混越亮，也不像减色混合越混越暗，且纯度有所下降。混合过程既不加光，也不减光，因此称为中性混合。中性混合包括旋转混合与空间混合两种。

（1）旋转混合。将几种颜色涂在圆形转盘上，并通过使之快速旋转而达到各种颜色相互混合的视觉效果。这样混合起来的色彩反射光快速且同时或先后刺激人眼，从而得到视觉中的混合色，此种色彩混合被称为旋转混合。如旋转红和黄的色纸，可以看到橙色。

（2）空间混合。将两种或两种以上的颜色并置在一起，通过一定的空间距离，在人视觉内达成的混合，称空间混合，又称并置混合。其颜色本身并没有真正混合，而是必须借助一定的空间距离。

将两种颜色直接相混所产生的新色与空间混合所获得的色彩感觉是不一样的，空间混合与减色混合相比明度显得要高，近看色彩丰富，效果明快响亮，远看色调统一，容易具有某种调子的倾向性，富有色彩的颤动感和空间的流动感。变化混合色的比例，可使用少量色得到配色多的效果。

色彩并置产生空间混合效果是有条件的：一是用来并置的基本形，排列得越有序，越密集，形越细，越小，混合的效果越明显。二是观者距离的远近，空间混合制作的画面，须在特定的距离以外才能产生视觉效果。用不同色经纬交织的面料属并置混合，其远看有一种明度增加的混色效果。印刷上的网点制版印刷，用的也是此原理。法国后期印象派画家的点彩画派就是在色彩科学的启发下，以纯色小点并置的空间混合手法来表现，从而获得了一种新的视觉效果。

（三）服装色彩

服装设计的三要素为面料、色彩、款式。当服装呈现在观众面前，衣服色彩对视觉认知的传达速度最快，所以这三要素中首先映入眼帘的就是色彩。色彩作为服装美学的重要构成要素，将其适当地搭配处理就成了服装设计中的主要任务之一。就服装设计而言，色彩是视觉中最具感染力的语言，适当的色彩效果不仅会改变原有的色彩特征及服装风格，产生新的视觉效果，还会体现出人物的精神风貌甚至时代特色。

服装色彩的设计，包括对组成服装的色彩的形状、面积、位置的确定及其之间相互关系的处理，根据穿着对象特征进行色彩的综合考虑与搭配设计。一方面，服装整体诸要素的搭配，如上下衣、内外衣、衣服与鞋、帽、包等配饰、面料与款式、衣服与人、衣服与环境等，它们之间除了形、材的配套协调外，最终的整体表现效果都要通过色彩的对比或调和，如主次、多少、轻重、进退、浓淡、冷暖、鲜灰等关系体现出来；另一方面，服装色彩是通过服装来表现的，服装造型直接影响到色彩的表现，色彩的传达效果又离不开面料的肌理，服装色彩设计无法被孤立地从服装造型或材质中抽离，而是应当和服装整体所要传达的意念保持协调一致。服装色彩还要受到流行趋势、穿着对象和环境场合等诸多因素的影响，对服装色彩的研究跨越了物理学、心理学、设计美学、社会学等多个学科，因此服装色彩设计是一项复杂的工作。

服装色彩设计不只是简单的色彩组合，而是融入社会意识、文化艺术、消费市场、气候环境等诸多因素，其具有以下特性：

第一，时代性。一个时代有一个时代的风貌，每一时代的流行都会留着逝去年华的遗迹，也会绽放未来风格的萌芽，但总会有某种风格为该时代的主流。作为风格的一个组成部分，服装色彩能恰如其分地展现这一时代特征，橘黄、嫩黄、果绿代表着20世纪60年代精神，炭黑、深灰是20世纪80年代职业女强人的最佳诠释。服装色彩有时标志着同时期的科技与工业发展水平，工业化的快速推进使人们对色彩的观念发生了根本的改变。1961年4月苏联宇航员加加林乘坐"东方1号"宇宙飞船进入太空，完成人类历史上首次载人宇宙飞行。紧接着1969年7月20日，美国宇航员阿姆斯特朗和奥尔德林乘"阿波罗11号"宇宙飞船首次成功登上月球。这两大事件使银河系、宇航员等成为设计师的灵感，在T台上刮起了闪光的金属色彩旋风。此外，服装色彩在某些时期同样也受社会文艺思潮、道德观念等诸要素影响，并受其审美意识制约，如20世纪60年代波普艺术形式流行，带动了波普风格服装的兴起，带有视觉流动感的色彩成为设计主旋律。

第二，象征性。色彩的象征性是指色彩的使用牵涉到与服装关联的民族、时代、人物、性格、地位等因素。色彩在传统意义上具有强烈的象征意义，如秋天的橘黄色和春天的嫩绿，这类象征具有普遍性。此外色彩的象征性还具有国家、地域的局限性，如色彩往往是民族精神的象征，但不同的民族有不同的色彩崇拜，从各国的国旗色彩即可体会出各国对色彩的喜好，德国的黑、红、黄国旗即表达了日耳曼民族理智沉着的秉性，相反法国的红、白、蓝国旗则将法兰西热情奔放的民族性格显露无遗。色彩的象征含义随着时间的推移也会发生相应变化，这取决于观赏者欣赏口味的改变。服装色彩是穿着者个性、品位的最好体现，不同的个性皆由不同的服装色彩表达，并形成强烈的象征性，如红色服装代表着炽热、奔放，蓝色服装代表着冷静、果敢。此外，一些特殊性质服装其色彩往往带有很强的象征性，如婚纱一般采用白色，象征着纯洁、无瑕。相反作为丧葬用的黑色则是凝重、深沉的表现。

第三，流动性。服装与服装色彩的载体是充满了生命活力的人，他们从早到晚不停地运动着，服装色彩会随着人的活动而进入各种场所，与那里的环境色彩共同构成特有的色调和气氛。服装色彩设计中将穿着的地点、环境作为设计构思的一个方面，以流行色彩的形式体现出来。同时色彩本身也具有流动性，表现为流行色。流行色真正含义在于其不确定性，并随着时间的变化而变化，每年都有新的流行色推出，这些色彩是在前季流行基础上经调研、研究后得出的。虽然短时间色彩变化幅度较小，但在一段长时间内可以发现流行色彩的明显变化。

第四，审美性。服装上的色彩并不具有真正"掩形御寒"的实用功能，而是对人们爱美的心灵传递，设计师运用形式美理论，将色彩巧妙搭配组合，使人产生愉悦的心情。人类开始使用色彩大约在15~20万年以前的冰河时期，早期人类有意识地使用红土、黄土涂抹到自己的面部和肢体，也涂染劳动工具。据考证，人类对色彩使用首先基于审美上的装饰效果。如今服装色彩所产生的视觉效果和精神作用更为明显，它是人们的审美观念和价值取向的直接反映。每种色彩在服装上都具有不同的审美特征，能展现出不同的视觉效果。例如粉红色最具女人味，体现纯真、柔美，所以适用于婚纱，旨在营造浪漫氛围；而黄色具有欢快、自由的审美特征，因此适合运动风格服装的表现；烟灰色高雅、脱俗，用于职业女性服装则别具一格。

第五，功能性。服装色彩的功能性体现在某些特殊行业的特殊需求，即通过色彩运用增强其识别性，使之一目了然。例如，海上救生衣采用醒目的橘红色，以明显区别周遭的环境色彩；医院的护士服采用柔和洁净的白色或粉色调，起到静气凝神的作用，俗称"白衣天使"；我国邮递员衣服的绿色是邮政专用标志，同时象征和平、青春、茂盛和繁荣。不同的厂矿企业、宾馆、饭店都有不同的色彩作为企业标识，这已成为现代企业形象和企业文化的一种体现，不同的服装色彩能传递出各自不同的企业形象，如UPS快递的鲜黄色、肯德基快餐的大红色、星巴克咖啡的墨绿色等。

第六，季节性。一年四季，冷暖交替，刺激着人们生理与心理的相应变化，服装色彩也随着季节的更替而不断变化：春夏季阳光明媚，百花齐放，此时服装色彩以明亮艳丽的居多，如粉色调和各类纯色；而秋冬季气候趋于严寒，色彩多偏向中性、灰暗或暖调。正因四季气候变化使设计师有了表现天地，一年中春夏和秋冬两季的服装发布会往往成为流行风向标，其中色彩又是流行变化的主要表现。

二、服装色彩设计的心理分析

（一）服装色彩设计的心理因素

服装色彩与人的心理有紧密关系。色彩附属于物体，如果没有人类的参与使其产生视觉效应，那么色彩只是孤立的。正因为色彩被赋予人的心理因素，从而产生千变万化的感觉。因此心理是服装色彩设计必须考虑的因素之一。

1. 社会因素分析

由于诸多社会客观因素，人们对于色彩的感知和偏好势必受到影响并逐渐呈现出来，这就是社会因素对于色彩的心理反映过程。如社会的政治意识形态、道德标准在一定程度上约束了人们对于色彩的理解和审美的标准，在潜意识中规范了人们的衣饰方向；各地区、各民族传统习俗也形成了服装色彩社会心理因素的客观条件，它从总体上决定服装色彩的某些特征。例如深蓝色在相当长时期一直占据我国着装色彩中相当重要的地位，这一方面反映出国人倾向于蓝色的内敛、稳重的性格，另一方面蓝色又与淡黄肤色较为协调有关。在国外，蓝色又呈现出另外特征，如着蓝色服装在德国是表示人喝醉了，在英国暗示情绪低落，而在俄罗斯则形容脾气温柔的男子或害羞的女孩。

事实上，人们对于色彩的心理认知又随着时代科技、文化、教育、经济等物质基础的不断变化而改变，其中最为主要的是时尚对人们观念的冲击和影响，这些社会因素都在不同程度上影响并改变着人们对于色彩的心理感知。伴随着物质水平的提高，国人的精神世界也发生了相当大的改变，紧跟时尚潮流、最终流行变化成为服装主旋律。在色彩的认知上完全是个性的体现，原本蓝色海洋已被绚烂多姿的色彩世界所覆盖。

2. 个性因素分析

美是人类的天性，对美的追求促进了社会文明的不断蔓延。无论在何场合、环境中，人都不同程度地追求着美。由于人们主客观条件的差异，服装色彩与人们的心理要求有着错综复杂的关系，服装色彩设计多少融入了人的因素，而其中个性因素又是服装色彩设计的原动力和时尚色彩流行传播的缘由。如果社会的心理因素从总体上决定了服装色彩的共性特征，那么千差万别的消费者则决定了服装色彩的个性化、多样化、差异化。

决定服装色彩的个性因素很多，包括消费者的着装动机、生活方式、生活类型、家庭状况、职业形式、文化品位、审美水平、兴趣爱好、个体体型等，而其中诸多的差异性又引发各消费群体个性的不同，从而在服装色彩审美上表现出不同的倾向。当下每季都有不同色彩推出，色彩的流行并非大规模展开，而是在一定程度上和范围中进行，其中原因是当今消费者往往希望展现自身的审美情趣，过于单一的色彩表现反而不为市场所接纳。因此人们的个性与心理倾向是形成服装色彩个性的关键要素，也是形成色彩丰富变化的主体因素。

3. 外在环境因素

（1）季节、气候对于心理因素的影响。季节、气候与人的心理因素密切相关，在烈日炎炎的气温下，人们心气浮躁，所以多偏向于明度和纯度较高、对比鲜明的色彩，如赤道地区国家一年四季是夏天，服饰色彩鲜艳灿烂；而在寒冬腊月的季节，人们心情稳定，多偏向于纯度和明度较低的色彩，如无夏季的北欧地区，其服饰色彩偏向于冷色调。不同的季节，人们对于色彩的心理追求不一。炎热的夏季，一般选择视觉悦目、鲜明的色彩，冬季则选用温和、舒适的色彩，所以服装色彩带有明显的季节偏向性。

事实上，现代服装色彩设计往往采取逆向思维形式，与正常心理相反，选用与常规相反的色彩，以取得意想不到的市场效果。如将热烈的高明度、高纯度色彩用于冬季，而把沉闷的灰冷色调用于夏季。

（2）地理环境对于心理因素的影响。地区的地理条件形成了该区域对于色彩选择的总趋向。如北方地区一般较为寒冷、干燥，人们喜欢选用紫红色、棕色等，这类色彩可以有效调节人的视觉神经，消除疲劳，弥补了人们的心理需求。在我国黄河流域地区，由于人们心理感受受到黄河的影响，服装色彩以暖调的黄色为主。

（3）出席的场合对于心理因素的影响。由于人们工作、生活、娱乐、休闲的需要，每天穿梭于不同的场合，而这些场合由于功能、环境、气氛、出席对象的不同，需要出席者在服装风格、款式和色彩上予以配合协调，以满足自身心理需求和审美情趣。如常见的正式派对，色彩往往以高贵、典雅的粉嫩色调和黑白为主。而深黑、深灰色调适合整齐划一的办公场合，这符合高效、严谨、认真的工作态度和心理认识。

（二）服装色彩与视觉心理效应

色彩并非静止，而是流动的，结合人的视觉心理活动而产生不同的效果。服装色彩的视觉心理感受与人们的情绪、意识，以及对色彩认识有着紧密关联，不同的色彩给人的主观心理感受也各异，但是，人们对于色彩本身固有情感的体会却是趋同的。

1. 色彩的冷暖感

色彩的冷暖感主要是色彩对视觉的作用而使人体所产生的一种主观感受。如红、橙、黄让人联想到炉火、太阳、热血，因而是暖感的；而蓝、白则会让人联想到海洋、冰水，具有一定的寒冷感。其中橙色被认为是色相环中的最暖色，而蓝色则是最冷色。此外，冷暖感还与色彩的光波长短有关，光波长的给人以温暖感受；而光波短的则反之，为冷色。在无彩色系，总的来说是冷色，灰色、金银色为中性色；黑色则为偏暖色调，白色为冷色。在具体服装设计中，色彩的冷暖感应用很广。例如，在喜庆场合多采用纯度较高的暖色，夏季服装适用冷色调，而冬季色彩则多用暖色。总而言之，应该根据实际要求来调节冷暖感觉，掌握色彩的性能和特点。

色彩冷暖又具有相对性，在一定情况下，暖色和冷色具有相反趋势。例如深红色属于暖色，当它与鲜红色相遇时，带有一丝冷感；同样紫色属于冷色，但当它与海蓝色相配时，具有一些暖意。如果大面积暖色中有小面积冷色，这一冷色具有偏暖性质；相反情况亦然。

2. 色彩的进退感

各种波长的色彩在视网膜上成像，由于人眼水晶体在自动调节时灵敏度有限，对微小光波差异无法正确调节，所以视网膜成像有前后现象。光波长的，如红色、橙色在视网膜上形成内侧映射，有前进感；而光波短的，如蓝色、紫色在视网膜上形成外侧映射，有后退感。这使人们理解在几种色彩相混合的平面中，为什么感觉它处于一个跃动的体面，有的色突出，有前倾趋势；有的则隐没，使人感到后退，这是色彩在相互对比中给人的一种视觉反应。

总体上，从色相角度而言，红、橙、黄等色彩具有扩张性，是前进色；蓝色、紫色等有收敛性，为后退色。从明度角度而言，明亮色靠前，深暗色后退。从纯度角度而言，鲜亮色靠前，深灰色后退。此外有彩色有前进感，无彩色有后退感。

色彩进退感又具有相对性，在一定情况下，前进色和后退色呈现相反趋势。无论是红、橙、黄等前进色，还是蓝色、紫色等后退色，当前进色或后退色同时出现，明度高、纯度高的色彩靠前，明度低、纯度低的色彩后退。

3. 色彩的轻重感

同样的事物因色彩的不同会产生不同轻重感，这种与实际的重量不符的视觉效果称为色彩的轻重感。这种感觉主要来源于色彩的明度，明度高的色彩使人有轻薄感，明度低的色彩则有厚重感。如白、浅蓝、浅绿色有轻盈之感；黑色让人有厚重感。纯度也对色彩轻薄具有一定的影响，纯度高色彩相对轻薄，而纯度低的色彩显得厚重。在服装设计中，应注意色彩轻重感的心理效应，如服装上白下黑给人一种沉稳、严肃之感；而上黑下白则让人觉得轻盈、灵活感。

色彩轻重感又具有相对性，在一定情况下，色彩的轻重感呈相反趋势。例如几种轻薄感色彩并置时，明度最高的色彩最轻薄，明度最低的色彩最厚重；同样厚重感色彩也存在相似情况。

4. 色彩的软硬感

与色彩的轻重感类似，软硬感和明度也有着密切关系。通常说来，明度高的色彩给人以软感，明度低的色彩给人以硬感。此外，色彩的软硬也与纯度有关，中纯度的颜色呈软感，高纯度和低纯度色呈硬感。色相对软硬感几乎没有影响。在设计中，可利用此特征来准确把握服装色调。在女性服装设计中为体现女性的温柔、优雅、亲切，宜采用软感色彩，但一般的职业装或特殊功能服装宜采用硬感色彩。

5. 色彩的兴奋与沉静感

色彩能给人兴奋与沉静的感受，这种感觉带有积极或消极的影响。积极的色彩能使人产生兴奋、激励、富有生命力的心理效应，消极的色彩则表现沉静、安宁、忧郁之感。色彩的兴奋与沉静感和色相、明度、纯度都有关系，其中纯度的影响最大。在色相中，具有长色光特性的红、橙、黄色给人以兴奋感，具有短色光特性的蓝色系给人以安静感，绿与紫是中性的。在具体设计中，婚庆、节日、典礼的服装色彩多用兴奋色，年轻人、儿童、运动服等多用鲜艳的兴奋色彩，老年人、医护人员常用沉稳的色彩。

色彩兴奋与沉静感又具有相对性，在一定情况下，兴奋色和沉静色呈相反趋势。例如同样具有兴奋感特性的红、橙、黄色一同搭配，纯度最高的色彩最兴奋，纯度最低的色彩最安静。

6. 色彩的明快与忧郁感

当步入万物葱郁的自然界中，心情会顿时充满轻快、舒畅；进入光线幽暗的房间便有忧郁不安之感，这就是色彩给予人们的明快忧郁感。橘色、黄色属于明快色彩，而蓝色则最具忧郁感。明度和纯度是影响这种感觉的重要因素，高明度、高纯度色彩具有明快感；而低明度、低纯度的色彩具有忧郁感。无彩色中的白与其他纯色组合时感到活跃，而黑色是忧郁的，灰色是中性的。

7. 色彩的华丽与质朴感

色彩可以给人以华丽辉煌之感，相反也可以给人以质朴平实感。纯度对色彩的这种感觉影响最大，明度色相则其次。总体而言，纯度高的色华丽，纯度低的朴素；明度方面，色彩丰富、明亮呈华丽感，单纯、浑浊深暗色呈现质朴感。在实际配色中，金银色虽华丽

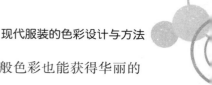

但可以通过黑白的加入，使其朴素；同样，如有光泽色的渗入，一般色彩也能获得华丽的效果。

8. 色彩的膨胀与收缩感

色彩的胀缩与色调有关，暖色属于膨胀色，冷色属于收缩色。同样形状面积的两种色彩，如分属于暖色和冷色，则呈现出膨胀与收缩的不同特征。此外色彩的胀缩与明度也有关，同样形状面积的两种色彩，明度越高越膨胀，明度越低越收缩。法国国旗设计即运用此原理，考虑到红白蓝三色具有不同的膨胀与收缩效果，设计师将三色具体比例定为红35：白33：蓝37，这样才达到相同宽度的感觉。

第二节　服装色彩设计的要素

服装色彩是服装设计的一个重要组成部分，对于色彩的整体构思涉及材质、图案、肤色和配饰等诸多要素。

一、服装色彩设计要素之肤色

作为服装穿着的主体，人承载着诠释服装美的作用，而人体肤色是表现服装美的一个关键因素。作为一个设计师首先应考虑服装色彩与穿着者的人体肤色的关系，通过运用不同的设计手法达到协调和悦目，并体现穿着者的个性。

根据研究，世界上人类对于色彩爱好的序列依次为：青色、红色、绿色、白色、粉红色、淡紫色、橙色、黄色。而不同人种对于色彩的喜好又有不同。

（一）白肤色

居住在欧洲、北美地区的人种肤色偏白，属高加索种人，其中北欧人肤色最白，南欧人肤色暗白。西方白种人因肤色白净偏红，历史上喜好白色，如古希腊、古罗马人的服饰色彩即以白色为主。

白肤色易与其他色调搭配，无论明度、纯度的高低，或者无彩色，都能产生与众不同的效果。与深蓝、熟褐、炭灰等低明度、低纯度色彩搭配能衬出亮丽肌肤，显得稳重大方；与酒红、橙黄、柠檬黄、果绿、紫红、天蓝等高明度、高纯度色彩搭配能使女性更显活泼开朗，突出年轻感觉，因此红、橙、黄、绿、青、蓝等鲜艳色是大多数欧美白人喜爱的色彩；与黑色搭配将凸显对比效果极具视觉冲击力，而与白色搭配则是洁白高贵的体现。

（二） 黄肤色

居住在亚洲东部的人种肤色大多偏黄，属蒙古利亚种人，我国大部分人属于此类。黄色在明度和纯度表现上不温不火，由于黄肤色与黑头发、黑眼睛配衬，较能形成一定的对比关系，所以整体效果较好。

黄肤色较易与暖色调搭配，如明度较高的粉色系列，无论是红系列还是橘色系列都能衬出风采。此外黄肤色与冷色调搭配别具特色，尤其是明度、纯度不同的蓝色系列，能产生一定的对比效果，体现出色彩美感，如与浅蓝或深蓝色搭配能显得甜美，并能衬出细腻的肤色。根据色彩搭配理论，黄色与橘色、褐色、绿色在一起易使肤色更黄，缺乏生气，所以选择服装色彩时应避免此类色彩。

黄肤色也存在偏冷和偏暖两种类型。偏冷肤色选择余地相对较大，适合明度和纯度不同的色彩，尤其与明度较低或纯度较高的冷色系列搭配别具魅力。此外这类肤色也适合与紫色系列、黄色系列甚至灰色、白色配衬，能显得更动人。偏暖肤色适用面较小，尤其对明度、纯度较高的暖色调选用应慎重，避免亮色和艳色，宜采用弱对比配色手法。事实上，明度、纯度不同的冷色调最适合与此类肤色搭配，绿色、紫色可作为点缀色彩。

（三） 黑肤色

居住在非洲的人种肤色偏棕黑色，并带有光亮感，属尼格罗人种。对于皮肤黝黑的人而言，在配衬服装色彩时选择余地较大，如同白肤色人种，不同明度、纯度的色彩，甚至无彩色均适合搭配。在具体运用中，白肤色与黑肤色各有不同侧重点，如果白肤色与低明度、低纯度搭配更能出彩，那么最适合与黑肤色搭配的是高明度、高纯度的色彩。

黑肤色最适合与纯度高的鲜亮服饰色彩搭配，如与大红、鲜绿、嫩黄相配既有明度和纯度对比，又能散发出热烈奔放的气息，事实上非洲服饰色彩大多属此类。黑肤色和白色服装是绝配，富有弹性的黑肤色配搭白色服饰更能显出与众不同的个性风采。

二、服装色彩设计要素之材质

色彩与材质关系紧密，色彩依附材质产生色彩变化，材质由于色彩的加入而富有韵味。了解色彩与材质的相互关系，有助于在设计中更好地把握服装整体色彩效果，完美体现服装材质魅力。

各类服装材质由于成分不同而对色光的吸收、反射或透射能力也不同，这主要受物体表面肌理状态的影响，材质表面光滑、平整、细腻，对色光的反射能力较强，如丝绸织

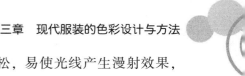

物、涂层面料、金属丝、皮革等；材质表面粗糙、凹凸、疏松，易使光线产生漫射效果，对色光的反射也较弱，如丝绒、呢料、毛皮等。同种色彩在不同材质上有不同视觉感受，如橘色，在丝绸上表现出高贵、华丽效果，在毛呢上则表现为炽热、欢快感，这主要是由于织物表面反射的不同所致。

材质对色光的吸收与反射能力不是固定不变的，随着光源色的改变，材质表面色彩倾向也会改变，有时甚至脱离原有的色相属性，如光线变强，材质肌理效果表现得较为明显；如在闪烁的各色霓虹灯光下，材质的原有色彩倾向将与霓虹灯色光融合，产生新的色彩感觉。

服装材质品种繁多，设计师应该对材质与色彩的关系有一基本认识，从而在设计中更好地运用材质特点，将材质和色彩两者完美结合。以下就常用织物为例，分析其在服装色彩设计上的不同效果。

（一）无光泽织物的色彩效果

1. 棉织物

棉织物主要成分是棉纤维，包括细布、府绸、泡泡纱、斜纹布、牛津布等，布面平整，质地柔软，易染色。由于色彩饱和度相对不高，所以也易褪色。棉织物反射较慢，色彩呈现柔和效果，由于这一特性使棉织物在色彩上给人以朴实、自然、舒适的感觉，适合造型自然简洁、款式随意轻松的设计，常用于怀旧、淑女、乡村、郊外、休闲等风格的表现。

2. 麻织物

麻织物主要成分是苎麻、亚麻和其他种类的麻纤维，包括亚麻细布、夏布、萱麻布等，布面细净，表面具有肌理效果，呈现漫射效果，与其他织物相比，同样色彩在麻织物上表现出明度和纯度均偏低。由于色牢度差，色彩多以纯度较低、明度适中或偏低的颜色为主，适合民族、乡村、怀旧、田园等风格的表现。

3. 毛织物

毛织物主要成分是羊毛或特种动物毛，以及羊毛与其他纤维混纺，经精梳或粗梳毛纺系统加工而成，包括凡立丁、哔叽、华达呢、板司呢、女衣呢、法兰绒、麦尔登、粗花呢、大衣呢等。毛织物反射较慢，几乎无光泽感，表面厚实硬挺。因此毛织物色彩具有层次感，纯度和明度都适中或偏低，给人以沉着、稳重、舒适的感觉，适合男性化、中性、军装等风格的表现。

毛织物中精梳和粗梳色彩效果各有不同，精梳织物表面反射相对直接，色彩呈现一丝活跃感，而粗梳织物表面反射相对慢些，色彩显得稳重。

4. 化纤

化纤织物主要原料为天然或人工合成的聚合物，经过化学处理和机械加工而成。化纤织物表面有不同质地，既有毛绒绒质感，也有表面平整效果。在色彩效果上，前者具有毛织物的特点；而后者带有丝织物的感觉。但化纤织物色牢度好，可染成不同纯度、明度的色彩，且色泽鲜艳、饱和度高，适合古典、浪漫、前卫等不同风格的表现。

5. 裘皮

裘皮主要成分是动物鞣制后的毛皮，其中貂皮（mink）和狐狸皮（fox）是目前常用的两大部分。裘皮表面毛发厚且密，呈立体感，光线反射极慢。由于质地的独特性，无论何种色彩裘皮都显示出层次感，不同色彩毛皮的拼接表现尤其如此。此外裘皮表面因毛发位置不同、色彩有深浅变化，设计中通过组合、拼接能产生独具魅力的视觉效果。

（二）有光泽类织物的色彩效果

1. 丝缎

丝缎织物主要成分是丝绸，包括双绉、真丝电力纺、留香绉、碧绉、山东绸、双宫绸、柞丝绸、绵绸等。丝缎织物手感柔软，光滑飘逸，光线的直接反射使其外表华丽、热烈、高贵、浪漫。由于色彩饱和度较高，织缎物以高纯度和高明度的色彩为主，适合浪漫、女性化等风格的表现。

2. 皮革

皮革主要成分是牛、猪、羊等动物的生皮，光线反射直接，光泽感强，色彩富有张力。织物随着受光面的移动而不断改变色彩，尤其是高明度、高纯度织物给人的流动感特别强。

皮革表面色彩独具特点，弯折凸显处带有光泽，色彩比面料本身色彩浅，而凹陷处属暗部，色彩比面料本身色彩深。皮革中的漆皮表现尤其明显，20世纪60年代的"湿装"、20世纪90年代中期和21世纪的年轻风貌正是以漆皮这一材质和色彩特点为流行主调。所以设计师可以充分利用皮革表面的色彩特性，设计带立体感或折裥的细节。由于大多皮革色彩偏暗，所以可以选择对比强烈的色彩组合，适合军装、朋克、摇滚、中性等风格的表现。

3. 人造皮革

人造皮革是现代合成材料，没有动物皮革的特性，透气性差，外观无动物革自然。但人造皮革在色彩上具有皮革的一些基本特点，同时又具有皮革没有的优点，人造皮革色彩更多样，光线反射更直接，光泽感更强，色彩更富有张力。人造皮革染色不限于常规的皮革色彩，经过印染工艺处理可任意构思，因此人造皮革适合风格较皮革更广。

4. 羽毛

羽毛为禽类特有、覆盖全身的表皮衍生物，质地轻盈，富有弹性和保暖性，精选加工后的羽毛洁净、带有光泽，可染成不同的色彩，广泛运用于女装，尤其是晚礼服的设计，适合优雅、高贵等风格表现。

（三）透明、透视织物的色彩效果

1. 薄纱

薄纱主要由棉、丝或化纤织物构成，包括雪纺、巴里纱、蝉翼纱等，薄纱质地轻飘，具有朦胧透视效果。以棉、丝织物构成的薄纱色牢度较差，色彩饱和度较低；以化纤织物构成的薄纱色牢度较好，色彩饱和度较高。薄纱适合浪漫、女性化等风格的表现。

与其他织物相比，丝织物具有独特魅力。在现代女装设计中，丝织物因轻薄透明常用于面料的叠加，俗称"透叠"。透叠常用于丝织物之间，轻薄质料表现出若隐若现效果，尤其适合晚礼服设计。设计师正是利用丝织物叠加特性，而增添服装的美感。丝织物也与非丝织物混合透叠，这能产生质料上的差异，尤其是丝织物与厚重织物更是如此。

就色彩设计而言，透叠产生两种效果：色彩混合和色彩图形。如果相同色彩质料叠加，面料表面的色彩明度将加深，例如浅咖啡色叠加后变为深咖啡色；如果不同色彩质料叠加，由于色彩的差异性，使面料色彩混合，改变原有的色彩外观倾向，例如以黄色和蓝色丝质物设计服装，两色重叠部分即形成绿色。如果加上人体的走动还使叠加面料之间时而贴近时而离开，能不断变换面料的色彩倾向，产生色彩幻觉。另外，不同色彩的透明面料叠加，能使叠加部分与未叠加部分结合产生不同的色彩图形，服装外观也呈现出独特的视觉外观，这是非常有趣的设计现象。

2. 塑料

塑料俗称PVC，是化学合成材料。塑料有透明的和不透明的两种，尤其适合表现带有年轻、前卫、未来、另类风格的设计。透明塑料与薄纱织物一样具有透视效果，在与其他材质重叠时能产生色彩混合。相比丝织物，塑料更加透视和彻底，所以全无丝织物的含蓄和柔美感。由于表面带有光泽，所以塑料表面又不乏皮革的光泽效果，光感强，色彩具有流动感。

三、服装色彩设计要素之图案

服装图案与色彩设计密切相关。一方面服装图案影响色彩设计方向，引导配色的形式，另一方面色彩设计以与图案相匹配的明度、纯度衬托图案，将图案和服装配色组成一个有机整体。就图案而言种类繁多，包括单独纹样、二方连续、四方连续等形式。配色复杂，如单色、多色及无彩色等。在服装色彩设计中，应有效运用色彩设计原理，将图案纳入整体构思中，使整体色彩形成一个视觉和谐、形式统一的效果。

（一）图案对色彩设计的影响

1. 几何图案

几何图案是服装面料的常见形式，包括有规则几何图案和无规则几何图案两大类。规则几何图案包括条纹、格纹、点纹、锯齿纹、波状纹、弧状纹等，以及各类规则几何形状图案；无规则几何图案则是自由、随意、抽象的几何图形。

在几何图案的配色中，有两个原则：一是协调呼应的配色原则。一般选图形中的某一色作为服装和配件的主色调，配上相应的同类色。二是形成对比的配色原则。突破常规，运用色彩设计原理，选用与主色调在明度或纯度呈对比的色彩，形成视觉反差效果，衬托出服装图案效果。这类配色适合带民族风情或风格前卫新潮的服装设计。

2. 花卉图案

花卉纹样是女装设计中运用广泛的图案，是服装设计的一大特色。在服装色彩设计中，无论是大花，还是小花、碎花，色彩都表现得多姿多彩、绚烂夺目，常规是二至三套色，也可更多。在花卉图案服装配色中，首先应明确其主色调，即在整款服装色彩中带有设计主题方向的色彩感觉，主色调色彩的确定有利于选择合适的色彩进行搭配。与花卉图案服装进行配色，一般有两种情况，或是单色，或是花卉纹样。如是前者可以以花卉纹样作为主色调，选择与其性质相近或相异的色彩进行搭配；如是后者可花型相同，色彩不同，也可花型不同，色彩相同。

常用以下配色方法：

（1）同类色或邻近色原则配色。这是一种较为稳妥的配色方法。选花卉图案中的一种色彩进行搭配，常见于古典、少女、淑女等风格女装色彩设计。

（2）无彩色配色。这是一种较为保守的配色方法。以黑白灰和金银这类无彩色与不同明度、纯度的花卉纹样搭配，与绚烂缤纷的图案相配时尤其显得整体而不紊乱。

（3）明度对比原则配色。这是一种显示明暗比较的搭配方法。视图案色彩而定，如图案是明色调，服装可采取暗色调形成视觉对比；反之亦然。

（4）补色对比原则配色。这是一种较为强烈的配色方法，如红色布料配绿色图案，体现出前卫激进或民族风情的设计风格。服装色彩设计唯有纯度的对比碰撞，才别具魅力。

（5）与纹样色彩呈反向性质的原则配色。这是唯有花卉图案服装的独特形式。女式春夏装花卉图案往往是设计的重点，与其搭配时可采用同样形式的花形相配，纹样造型可大可小，但在色彩性质上则完全相反，如无彩色对有彩色、低明度对高明度、低纯度对高纯度或花卉色彩之间互换等反向对比关系来协调，波希米亚风格女装色彩常具有这一特征。

3. 人物与动物图案

服装中的人物和动物图案常以单独纹样形式出现，一般是整款设计的视觉中心，色彩醒目显眼。配色时可根据人物和动物色彩，采用衬托法，以同色调的色彩为主，色彩比人物和动物色彩明度低。也可通过纯度对比手法，选择与人物和动物色彩纯度相反的色彩。

服装上人物和动物图案面积相对不大，为突显其视觉效果，配色面积宜大块且整体，色彩数不宜多，色调应统一，过于细碎的色块容易分散视觉中心。

4. 卡通漫画图案

卡通漫画图案在服装设计中是一种较时尚化的装饰表现，设计师通过巧妙的布局和构思，流露出可爱、轻松的情感状态，常用于春夏季的T恤、裙装、夹克等服装中。服装上的卡通漫画图案就似画家的画作，为突出其视觉效果，配色围绕图案展开，采用与其在明度或纯度上呈对比的色彩，如图案的明度、纯度较低，则配色以明度、纯度较高为主。

（二）服装图案配色的主要方法

第一，衬托法。衬托法是一种简单有效的配色方法。运用色彩的明度对比、纯度对比原理，以及图案相互之间的繁简、大小、聚散、动静等相互关系进行衬托，意在突出服装主题图案。

第二，呼应法。选取图案中的一种色彩作为服装配色，形成相互之间的内在联系，这种配色方法具有极强的整体协调效果。在配色中，由于色彩基本接近，可考虑拉开相互之间的面积、形状等关系，形成一定的对比效果，避免过于平淡。

第三，点缀法。在领口、胸前、肩部、袖口、腰侧、下摆等处设置不同于服装其他部位的色彩，起画龙点睛作用，这类色彩主要运用于配件上，如花饰、胸针、领结、挂件、帽子、包、腰带等，也可用于服装的镶边、拼接、图案等。用于点缀的色彩在明度、纯度、色相方面与其他色彩形成一定程度的对比，同时因面积相对较小，造型较奇特，所以能聚焦人的视线。

第四，缓冲法。服装面料图案色彩繁多容易产生视觉混乱，如果在图案之间加入单一色彩能有效缓解这一状况，达到整体协调作用。缓冲色彩以无彩色的黑、白、灰、金、银为主，也包括明度、纯度较低的色彩。缓冲法也用于服装面料单一色彩设计中，通过明度、纯度、色相上的对比达到视觉缓冲效果。

四、服装色彩设计要素之配饰

配饰是依附于人体上的装饰品和装饰总称，包括帽子、鞋、袜、首饰、围巾、腰带、眼镜等，和服装同属于服装设计的范畴，是体系内的两个表现内容。两者相互依存，既有区别，又有联系。服装居于主导地位，是设计的重点，决定着整款设计的大体风格；而配饰处于从属地位，根据整款服装的造型、款式、色彩、材质等因素，产生相应的构思。其中色彩是联系服装和配饰两者关系的一个重要环节。

与服装相比，配饰形状大小均微不足道，但整体上不可或缺。配饰色彩一方面可协调服装整体关系；另一方面也可起到烘托、点缀作用。

例如服装款式简洁素雅，可通过配饰的跳跃色彩以美化、衬托服装；反之，服装造型夸张、结构复杂，鲜亮色彩的配饰将加剧视觉的凌乱感，低明度、低纯度色彩不失为明智选择。

除了配饰与服装的色彩关系外，配饰之间的色彩也互为关联、互为陪衬。通常配饰色彩统一在服装整体色调中，相互地位是平等的，这种配色手法较平淡无味。如果想打破常规，创造出新的配色感觉，可在配饰中调整色彩关系，选配配饰中一种，拉开相互之间的明度或纯度关系来突显加强。

配饰色彩在男装和女装具体运用中表现差异很大，这反映出男、女装在配饰色彩设计上的不同思路。男装配饰色彩大多倾向于与服装保持大体一致，色调整体和谐统一，多以低明度、低纯度的深色系列为主，体现男装严谨、成熟的设计风格。运动休闲风格和前卫风格属例外，配饰色彩与服装存在一定的对比。与男装配饰色彩完全相反，女装配饰色彩选择范围广，根据风格不同，从低明度、低纯度的深沉色，到高明度、高纯度的鲜艳色均可采用，体现女装时尚性、个性化特征。20世纪90年代中期以来，男装与女装穿着界线的日趋模糊，配饰色彩设计也反映出这一倾向，原本色彩较单一的男用配饰色彩呈现出多元化的倾向，而女用配饰色彩则借鉴了男用色彩，两者交叉融合。

配饰与服装色彩的相互关系包括以下方面：

（一）鞋

鞋是穿在脚部的对象，具有防护、保暖、美化作用。鞋是配饰中非常重要一个方面，鞋配色直接影响到服装的整体效果。鞋的常规材质是皮革和人造皮革，色彩变化有限。此外，各类纺织品、高科技材质也广泛运用于鞋设计中，色彩显得丰富多彩。

根据场合不同，鞋色彩有不同考虑。与职业服装、礼服搭配，鞋色彩力求与服装一致，体现严谨和精致感；与运动、休闲服装搭配，鞋色彩可与服装有区别，如提高明度或纯度，塑造活泼、轻松形象；与前卫风格服装搭配，鞋色彩可不落俗套，大胆配色，包括运用纯色。

鞋是服装风格的具体表现，其色彩设计往往影响到服装整体形象。鞋与服装配色表现为以下情况：

第一，同类色搭配。鞋色彩与服装整体处于同一色调中，或明度上稍深一层，能产生和谐悦目的视觉效果。如果上下服装色彩不同，宜选与上装相同或相近色彩。这类配色适用于风格端庄、雅致的服装设计中。

第二，起强调作用的色彩搭配。与服装色彩形成对比的鞋色彩视觉突出，尤其是高明度或高纯度色彩的鞋更能使人产生轻盈感，具有跳跃性，如素色服装配艳色鞋，或艳色服装配素色鞋。这类配色适合风格活泼或观念前卫的服装设计。

第三，具有呼应作用的色彩搭配。表现为鞋色彩与服装某一部分大体一致，这类配色适用于较多色彩的服装中，鞋色彩宜单色，过多色彩容易引起视觉混乱。如果上下装是不同色，鞋色应与上装相呼应。这类配色主要应用于休闲类服装中。

第四，黑色和白色运用。由于鞋的主要材质为皮革，在鞋色彩设计中，黑色具有一定的特殊地位，这也是鞋与其他配饰的区别所在。作为无彩色，黑色能与所有色彩进行搭配，因此选用黑色鞋与服装搭配均不会出错。这是一种较为保守、稳妥的配色方法。

白色在鞋色彩设计中运用广泛，尤其适合与运动休闲风格服装搭配。无论何种服装色彩，它都能提升穿着者精神，富有生气。

（二）帽子

帽子是指戴在头上用于遮阳、保暖、挡风等的物品，既有功能性考虑，又有装饰性作用。帽子选材范围较广，包括各类纺织品（呢、毡、化纤等）、皮革、绒线服用材质，也包括竹子、草、木、塑料等非服用材质，色彩呈现多样性。

帽子与服装整体密切相关，是流行变化的重要表现形式。帽子位置比较独特，因此其色彩设计在服饰整体中起到引领视线的作用，同时在一定程度上能协助服装确立风格的大体走向。帽子与服装配色表现为以下情况：

第一，同类色搭配。帽子与服装整体色彩在色相、明度、纯度上相同或相近，而以材质拉开区别，从头至身体形成视觉相连、统一协调的视觉效果。这是较稳妥的配色方法，但较为呆板、单调，主要运用于风格古典、质朴、自然的淑女、少女服装。

第二，对比色搭配。指帽子与服装整体色彩在明度、纯度上形成对比关系。在帽子色彩处理上，运用明度对比是常见手法，帽子色彩选择比衣服色彩深，这一方面起到陪衬作用；另一方面也突出帽子色彩，如深色帽子配浅色服装。纯度对比的色彩呈鲜明的对比效果，主要有彩色帽子配灰色衣服、灰色帽子配彩色衣服、帽子与衣服成一定程度的对比色或补色关系三种形式。这类配色形式大胆，不落俗套，能给人一定的视觉冲击感，尤其适合体现运动感的户外休闲服装，以及构思夸张的前卫服装。

第三，同花色服装搭配。花式服装至少两套色，为使服装趋于整体协调，可挑选服装花式图案、款式或配件中的一种颜色作为帽子的色彩，与服装色彩呼应，这样能有效抑制花式图案纷繁的视觉效果。

第四，造型因素影响帽子与服装配色。帽子造型大小在与服装搭配色彩选择上有直接关系，尤其是大造型的帽子，视觉扩张感强，无论服装色彩明度、纯度如何，宜选低明度、低纯度色彩；而造型较小，为强调其视觉效果，可采用与服装在明度、纯度呈对比关系的色彩。

第五，帽子色彩数量与服装配色。帽子与服装在色彩设计中是一整体。如果服装色彩单一，为烘托气氛，可将帽子配色多样化，例如户外运动服装；如果服装色彩较丰富，可以挑服装中一色作为帽子色彩。

（三）袜子

袜子是穿在脚部的对象，具有防护、保暖、美化功能，并起衬托服装的作用。传统袜子材质局限于针织料，色彩相对变化不大。如今袜子作为时尚单品，色彩选择范围扩大。

现代时尚已将袜子概念延伸至腿部，与裤相连，出现裤袜这一新名词。裤袜起始于2006 年，当初只是内衣中丝袜的延伸形式，经设计师的推波助澜，裤袜发展成时尚配饰，如今已属独立品种，兼有袜子、丝袜和裤的概念。裤袜色彩设计融入了诸多时尚元素，风格多元化，既有体现经典的黑灰等素色，也有具前卫意念的金、银、炫彩等亮丽色彩。

由于裤袜色彩的独特效果甚至影响到服装的色彩搭配，整体色彩设计趋于明度和纯度较低倾向，就穿着场合而言，袜子分正式和运动休闲两大类。偏于深黑色系列袜子形象低调，适合搭配正式西服套装，起陪衬作用；明度和纯度均偏高色彩的袜子视觉突出，易与运动休闲风格服装相协调。

袜子是服装整体设计中的一个组成部分，对服装风格走向起到衬托作用。与服装配色表现为以下情况：

第一，同类色搭配。表现为袜与服装色彩大体相同，或在明度上比服装深一层色彩，一方面使人的视觉由上至下自然延伸；另一方面能收缩腿部视线，产生修长感。如果服装色彩较浅，袜子色彩应接近肤色。男士袜子色彩应选择中性色系，同时比服装色彩更深，这样能体现出男士的品位。同类色搭配是一种较为传统的搭配形式，适用于风格正统保守的男女正装设计。

第二，强调色搭配。采用与服装色彩形成明度或纯度差异的色彩，起视觉强调作用。例如素色袜子配彩色服装，或彩色袜子配素色服装，前者起衬托作用，而后者由于色彩独特，容易形成视觉中心，近年来女装设计多采用这类配色手法。与运动和休闲风格服装搭配的袜子往往采用具对比效果的纯色，体现户外欢快的情调。

第三，起呼应作用的色彩搭配。袜子色彩与服装或配件部分色彩相互穿插，在色彩性质上形成关联性，具有呼应作用。这类色彩设计跳跃性强烈，适合带有浓郁民族风情的少女装设计。

第四，黑色运用。黑色丝袜是女装搭配中的常见形式。由于属性独特，黑色能与所有色彩相配。同时一方面能将视线上移，并衬托服装整体效果；另一方面可收缩人的视线，显得苗条。

（四）首饰

首饰是指佩戴于头、颈、胸、手等部位的对象，包括项链、项圈、胸坠、胸针、耳环、耳坠、手镯、手链、脚镯、脚链、戒指等，首饰不具有功能性用途，纯粹为了装饰美观。首饰材质门类繁多，包括金属、玻璃、宝石、动物骨骼、贝壳、陶瓷、塑料、橡胶、纺织品、皮革、绳带等不同类型，既有像黄金、银、珍珠、无色玻璃等材质构成的无彩色系，也有不同明度、纯度的彩色系列。

首饰造型相对较小，但作用不可小觑。首饰色彩设计应注重与服装的协调，并衬托出穿着者的气质。此外还需考虑与肤色的关系，通过运用色彩设计原理，选择合适的色彩，使首饰在肤色衬托下更具美感。首饰与服装配色表现为以下情况：

第一，无彩色系列。无彩色系列首饰是百搭，适合与不同色彩类型服装搭配，起到协调作用，如金银饰品、珍珠、水晶等。可用于上班、赴宴等较正式场合，能体现出精致、富贵、成熟、高雅气质。

第二，同类色搭配。选择服装色彩中一种作为首饰主体色彩，明度、纯度可稍有差异。适用于上街、交友、聚会等非正式场合，体现轻松、随意的氛围。

第三，强调色搭配。视服装主体色彩而确定强调色，如服装素色为主，可选择鲜亮色彩进行对比；如服装套色较多，而且比较艳丽，可选择无彩色进行对比衬托。同时为加强视觉效果，可将首饰尺寸设计得大些。

（五）围巾

围巾是指用于缠绕于颈部和肩部的物件，分方巾、领巾和长围巾三大类，具有保暖、装饰作用，主要用于头部、颈部、肩膀的围裹以及胸、腰、手臂、发髻、包袋等处的装饰。围巾主要材质为真丝、纯棉、羊毛、羊绒、化纤和皮革等，其中真丝因其色彩和花形，在与服装搭配时，尤其能取得与众不同的穿着效果。

由于装饰部位的独特性，围巾在服装整体设计中占据重要地位，它能衬托脸部，并引领人的视线，起画龙点睛的作用。围巾与服装配色表现为以下情况：

第一，与服装色彩呼应。围巾与服装在面料质地、属性等方面有差异，但在色彩的明度和纯度上较接近，两者成为一个统一体。这类配色较易协调，但处理不慎易造成视觉平淡，缺乏精神。

第二，起突出和强调作用。相比其他配件，围巾尺寸相对较大，一块与服装色彩在明度或纯度上形成对比关系的围巾能拉开两者距离，并成为视觉的中心。例如素色服装单调乏味，图案独特、色彩艳丽的围巾无论是头部包裹、颈部或腰部系结，还是系在发髻或包袋上都能使穿着形象熠熠生辉。

第三，围巾色彩数量与服装配色。一般围巾色彩套数较多，图案复杂，与其搭配服装色彩宜简练。总体原则是：如果服装是单色，选用套色较多的围巾能使穿着顿显生气；而多色服装配上单色或套色较少的围巾则能化解因色彩丰富带来的视觉紊乱。

（六）腰带

腰带是指用于系结人体腰部的各类带子，具有固定下装的功能作用，也能起到美化装饰腰部的作用。腰带材质包括各类皮革、塑料、橡胶、水晶玻璃、金属、草绳织带，以及各类纺织品等。腰带位于人体中部，是视觉焦点之一，因此其色彩设计直接影响服装整体效果。腰带与服装配色表现为以下情况：

第一，同类色搭配。腰带色彩与服装一致或相近，使服装呈现较为整体的视觉效果，通过材质差异体现设计效果。同类色是一种常见色彩搭配方法，主要用于风格典雅、浪漫的服装中。

第二，起对比作用的色彩搭配。腰带与服装在色彩的冷暖、明度或纯度上形成较强对比，如深色服装配浅色腰带、浅色服装配深色腰带，素色服装配艳色腰带、艳色服装配素色腰带，冷色调服装配暖色调腰带、暖色调服装配冷色调腰带。这类配色视觉效果突出，主要用于风格甜美、清新的春夏少女装设计中。

第三，起阻隔效果的色彩搭配。由于服装上下色彩属补色关系，形成色相对比，视觉上比较生硬。运用无彩色腰带能起阻隔作用，有效缓解服装色彩对视觉的冲击。

第四，起呼应作用的色彩搭配。用于花型复杂、套色较多的服装中，可挑其中一色作为腰带色彩，起呼应作用。或者将配件色彩形成一个色调，相互之间互为关联呼应。

第五，起强调作用的色彩搭配。这类腰带由于附有镶嵌、缀饰、悬挂等装饰设计手法，加上多样的材质、丰富的套色、多变的图案，往往成为整款服装的视觉焦点，如曾流行于21世纪初极具浪漫情调的波希米亚风格腰带。与其搭配的服装色彩宜整体和简洁，避免因套色过多与腰带喧宾夺主。

（七）眼镜

眼镜是指架于眼睛处、用于保护视力的工具。由于位于脸部中心位置，眼镜还具有装饰美化脸型的功能。传统眼镜材质一般是带光泽的塑料、金属、玻璃等，色彩以深暗色为主，近年来新材料、新技术不断涌现，色彩趋于多样化，银色、炫目五彩色等均成时尚潮流。

眼镜相对面积较小，但其作用不可小视。眼镜与服装配色表现为以下情况：

第一，具有呼应作用的配色。眼镜与服装或配件在色调上大体一致，色彩的明度或纯度相近，使整体视觉上形成浑然一体感觉或呼应效果。这种配色方法适用于风格轻松、自然的设计中。

第二，具有对比效果的配色。眼镜与服装在色调上形成冷暖、纯度或明度上的对比。由于佩戴部位较醒目，独特造型的眼镜配以鲜亮或浓重色彩来点缀脸部能更好衬托脸型，同时拉开与服装色彩的关系。这是一种个性鲜明、手法俏皮的配色方法，适用于风格活泼、欢快的运动休闲装、少女装等设计。

第三节　服装色彩搭配方法与综合运用

一、服装色彩的搭配方法

色彩在服装设计中起着先声夺人的作用，它以其无可替代的性质和特性，传达着不同的色彩语言，释放着不同的色彩情感，同时也起着传情达意的交流作用。服装色彩语言的组织，需要多种因素的相互作用，才能达到合理的视觉效果，组成和谐的色彩节奏。色彩搭配是多种因素的组成和相互协调的过程，同时也遵循着一定的规律。

（一）以色相为主的色彩搭配方法

以色相为主的色彩搭配是以色相环上角度差为依据的色彩组合，体现出的视觉效果或和谐、或刺激。以色相为主的色彩搭配，大致可分以下类别：

1. 同一色相（单色色相）组合

同一色相指色相环上约呈0~15度范围的某一色彩或两种色彩。由于系同一色相，色相之间处于极弱对比，搭配时色彩易给人以一种温和安静感。

同一色相组合主要通过色彩的明度、纯度变化以达到不同设计效果。色彩明度、纯度变化甚小，则显得沉闷单调；色彩之间的明度、纯度层次拉开，即可产生明快丰富之感。

2. 邻近色相组合

邻近色是指色相环上任意颜色的毗邻色彩，色彩之间约呈15~30度的范围，如红色的邻近色是橙色和紫色，黄色是绿色和橙色，蓝色是紫色和绿色。邻近色的色彩倾向近似，具有相同的色彩基因，色彩之间处于较弱对比，色调易于统一、协调，搭配自然。若要产生一定的对比美，则可变化明度和纯度，例如蓝色与紫色属邻近色，如果提高或降低其中一色明度或纯度，则色彩差异较明显。

在色相环上，邻近色搭配由于左邻右舍色彩的不同倾向，整体效果完全不同。以红色为例，红色的邻近色包括橘色和紫色，红色与橘色相配，色调更暖，隆重而热烈；而与紫色相配，色调偏冷，带有高贵和奢华感。此外，黄色也具有相同情况，其邻近色是橘色和草绿色，黄色与橘色搭配明亮而火热，与草绿色搭配清新而爽快。

3. 类似色相组合

类似色是指色相环上呈30~45度范围的色彩。相对于邻近色，类似色呈现一定的距离感，其色彩组合调和自然，视觉和谐悦目，同时也给人以一定的视觉变化感，例如黄色与咖啡色、紫色与绿色。

4. 中差色相（稍具不同色相）组合

中差色相是指色相环上约呈 45～105 度范围的两种色彩，色彩相距不远也不近。由于色相之间处于一定的对比关系，色彩性情体现较明确，所搭配色彩既不类似又无强烈的差异性，显得较为暧昧。同时中差色彩之间有一定的纽带联系，在搭配时能产生一定的协调美感，如红色与黄色这对中差色组，都带有橘色的基因。

5. 对比色相组合

对比色相是指色相环上约呈 105～180 度范围的两种色，色彩相距较远。由于色彩相处关系接近对比，色彩在整体中分别显示个体力量，色彩之间基本无共同语言，呈较强的对立倾向，因此色彩有较强的冷暖感、膨胀感、前进感或收缩感。过于强烈的对比，易产生炫目效果，例如橙与紫、黄与蓝、绿与橘等。

对比色相较能体现色彩的差异性，能使不起眼的色彩顿显生机。例如本具有忧郁倾向的蓝色与黄色相配时，由于黄色跳跃和动感衬托，也显得活泼些。

6. 补色色相组合：正对 180 度方向

补色色相是指色相环上约呈 180 度范围的两种色彩。补色对比是色彩关系在个性上的极端体现，是最不协调的关系。两种补色互相对立，互相呈现出极端倾向，如红与绿相配，红和绿都得到肯定和加强，红的更红，绿的更绿。如图，同一色彩和款式，但明度、纯度各有不同，呈现出不同效果。

补色色相组合在视觉心理上能产生强烈的刺激效果，是服装色彩设计的常用手法，能使色彩变得丰富和夺目，显示出浓浓的活力和朝气。但运用补色对比需要有高超的色彩观，运用低纯度、高明度，或明度差、纯度差，能产生相对协调效果，变不和谐为和谐，否则极易产生生硬效果，成为设计的败笔。

（二）以明度为主的色彩搭配方法

以明度为主的色彩搭配主要体现在色彩的明暗关系上，它是服装色彩设计的常用方法，体现出或柔和悦目、或深浅对比的视觉效果。明度性质在配色中产生的效果常与人的心理联想产生不同的感觉，如宁静、活泼、轻盈、厚重、柔软、挺爽等。一般而言，静的感觉体现在明度差小的色彩配置上，动的感觉体现在明度差大的配置上，适用于春夏服装及运动服装，设计具有前卫和运动效果。

以明度为主的色彩搭配，大致可分以下类别：

1. 明度差大

明度层次大的色彩之间的搭配，即极端明色与极端暗色的配色方法。明度差大配色能产生一种鲜明、醒目、热烈之感，富有刺激性，富有鲜明的时代特征，适用于青春活泼或设计新颖的服装中。例如无彩色的黑色与白色代表着明度差异最大的色彩搭配，著名品牌香奈儿设计以其白色底料配黑色滚边而闻名，黑白色彩对比成为其品牌标志性语言。

此外，不同色相虽然明度差大，但具体色彩搭配呈现的感受各不相同，例如淡红与深红组合演绎着火一般的热情，而粉蓝与藏青组合则相对冷静，这主要是由色相本身性质带来的结果。

由于明度差大，色彩之间需要通过面积的合理配置达到和谐，两者相近或大致相等将极大削弱双方对比力度，而拉开两者面积差将有助于体现设计效果。

2. 明度差适中

明度差适中的色彩组合，效果清晰、明快，与明度差大的色彩相比更显柔合、自然，给人以舒适的轻快感，如棕色与黄色、湖蓝与深蓝等。

明度差适中色彩搭配可分为：

（1）明色与中明色的配色，即淡色调与浅色调之间的搭配，色彩相对明亮，主要适合春、夏季服装的配色。

（2）中明色与暗色，即中灰色调和深黑色调之间的搭配，与低暗调相比具有明亮感，庄重中呈现出生动的表情，较适合秋、冬季服装的配色。

3. 明度差小

明度差小的色彩的搭配，效果略显模糊，视觉缓和，给人以深沉、宁静、舒适、平稳之感。这类色彩搭配整体和谐悦目，既可表现优雅的正装、礼服，也适用于风格传统保守的中老年服装。明度差小色彩搭配可分为：

（1）偏于高明度色彩之间的搭配，色彩粉嫩，常用于风格浪漫的夏季服装或淑女装色彩设计。

（2）偏于中明度色彩之间的搭配，色彩中性，常用于风格典雅的春、秋季服装。

（3）偏于低明度色彩之间的搭配，色彩灰暗，常用于稳重的职业装和秋冬季服装。

4. 同一明度或明度差极小

同一明度或明度差极小的色彩相互搭配，较大程度地降低了视觉冲击力，与明度差大的搭配相反，它给人以静态美感，体现出古典主义风格特征。

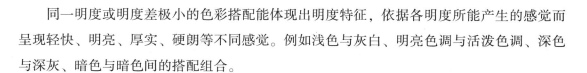

同一明度或明度差极小的色彩搭配能体现出明度特征，依据各明度所能产生的感觉而呈现轻快、明亮、厚实、硬朗等不同感觉。例如浅色与灰白、明亮色调与活泼色调、深色与深灰、暗色与暗色间的搭配组合。

（三）以纯度为主的色彩搭配方法

以纯度差别而形成的色彩对比体现出色彩之间的艳丽与灰暗关系，以纯度为主强的对比色彩搭配尤其能产生色彩的冲撞感。可以将色彩纯度分为 9 个等级，产生强、中、弱三种以纯度为主的色彩搭配，大致可分以下类别：

1. 纯度差大

纯度层次大的色彩之间的搭配，即极端艳色与极端灰色的配色方法。纯度差大的色彩搭配给人以艳丽、生动、活泼、刺激等不同感受，适合风格青春活泼、前卫新潮的服装设计，例如鲜艳色与黑白灰、鲜艳色与淡色、鲜艳色与中间色等组合。纯度差大配色可分为以下类别：

（1）以艳色为主、灰色为辅，大面积的艳色给人以热烈欢快感觉，适合运动风格和青春活泼服装设计。

（2）以灰色为主、艳色为辅，虽然有艳色点缀，但大面积灰色呈现出沉闷效果，适合职业类服装设计。

2. 纯度差适中

纯度差适中的色彩搭配给人以饱满、高雅、明快等不同感觉，同时由于所搭配的纯度位置不同，产生强与弱、高雅与朴素等不同视觉效果。纯度差适中配色可分为以下类别：

（1）强色和中强色配色，即鲜明色色调和纯色调搭配，具有较强的华丽感，但不会形成过分刺激的感觉。

（2）中强色和弱色即纯色调和灰色调搭配，配色效果沉静中有清晰感。如是冷色为主色调，则表现出庄重感；如是暖色调为主，则表现出色彩的柔和丰富感。

3. 纯度差小

纯度差小的色彩搭配能体现各纯度的特征，通过所选择纯度而表现强烈或微弱等不同形象，有时为强调配色而以明度和色相的变化进行搭配。

纯度差小配色可分为：①偏于高纯度色彩之间的搭配，色彩奔放，常用于风格活泼的夏季服装或少女装色彩设计。②偏于中纯度色彩之间的搭配，色彩中性，常用于风格典雅的春、秋季服装。③偏于低纯度色彩之间的搭配，色彩灰暗，常用于稳重的职业装和秋冬季服装。

4. 同一纯度或纯度差极小

同一纯度或纯度差极小能充分展现各纯度的固有特性，给人以强硬、平静、高贵等不同感觉。例如浅色调与浅色调、亮色与亮色等组合。

5. 无彩色系

以黑、白、灰等无彩色系组成的色彩组合。它们是服装中最为单纯、永恒的色彩，有着合乎时宜、耐人寻味的特色。如果能灵活巧妙地运用组合，能够获得较好的配色效果：无彩色配色具有鲜明、醒目感；中灰色调的中度对比，配色效果有雅致、柔和、含蓄感；而灰色调的弱对比给人一种朦胧、沉重感。

6. 无彩色系与有彩色系

将无彩色系和有彩色系放置在一起的色彩设计。两者配色上能产生较好的效果，这是由于它们之间互为补充、互为强调，形成对比，成为矛盾的统一体，既醒目又和谐。通常情况下，高纯度色与无彩色配色，色感跳跃、鲜明，表现出活跃灵动感；中纯度与无彩色配色表现出的色感较柔和、轻快，突出沉静的性格；低纯度与无彩色配色体现了沉着、文静的色感效果。

7. 以冷暖对比为主

将成对的冷暖色放置在一起进行对比的色彩设计，使视觉上产生冷的更冷、暖的更暖的效果。根据色彩给人的冷暖感觉，可分为：暖色调的强对比、中对比、弱对比；冷色调的强对比、中对比、弱对比。总体而言，暖调给人热情、华丽、甜美外向感；冷调给人一种冷静、朴素、理智内向感。

二、服装色彩搭配的综合运用

服装色彩千变万化，在具体色彩搭配中，因主体、风格，以及具体面积、形状和搭配等色彩构思因素不同需采用不同的手法，如此才能做到既协调又美观。下面探讨服装色彩搭配综合运用的一些主要形式。

(一) 支配式的色彩搭配

支配式色彩搭配在各配色中均有共同的要素，从而创造出较为协调的配色效果，如以色彩的三个属性（色相、明度、纯度）中的一种属性或一种色调为主的配色方法。这种搭配方法易于取得稳定协调的配色效果。

1. 以色相为主

以相同色相作为服装配色的主要形式，采用同一色系的色彩组合，兼有明度和纯度变化。由于服装整体色彩大体相同，色彩之间的关系显得较为平稳、安定、舒缓，适合表现风格甜美浪漫的少女或淑女服装。以色相为主的色彩搭配是一种常见形式，视觉悦目，较易取得和谐效果。

2. 以明度为主

以色彩的明暗程度作为服装配色的主要形式，采用同一明度为主的色彩组合，兼有色相和纯度的变化。虽然明度差异不大，但色相各不相同，整体上能产生或明亮、舒畅，或凝重、抑郁等不同效果，个性鲜明，适合表现风格前卫的另类服装设计。以明度为主的色彩搭配丰富多样，但由于色彩种类较多不易把握。

3. 以纯度为主

以色彩的鲜艳程度作为服装配色的主要形式，采用纯度为主的色彩组合，兼有明度和色相的变化。各类色彩争奇斗艳，虽然颜色不同，但是融合了同样艳丽、浑浊的色彩来配色，因此能产生相对平静、朴实、时尚，及华丽、雅致等不同的视觉感受，适合表现带有异域风情的服装设计。以纯度为主的色彩搭配视觉冲击力强，若处理不当，容易给人以生硬、不协调感。

4. 以色调为主

以某一色彩总体倾向作为服装配色的主要形式，采用同色调为主的色彩组合，如红色调、蓝色调等。由于选取了一个特定的色彩基调，色彩之间又存在内在联系，互不冲突，所以整体感强，各种配色效果也容易产生。

（二）重点式的色彩搭配

在某部位以某种特定的色彩为重点设计点，其他色彩只起衬托作用。在色彩设计构思时，运用色彩之间的明度、纯度、色相的相对比来拉开色彩之间的关系，互相衬托，互相对比。通常这种辅助搭配所采用色彩面积较小，视觉醒目，重点突出。

1. 以服装某部位为主

将服装款式的局部作为色彩构思的重点，突出其视觉效果，通过运用与其他部分不同的色彩，形成在明度、纯度或色相上的对比关系。色彩构思的部位主要分布在领口、胸前、门襟、袖口、袋口、下摆等处，运用镶、滚、嵌、拼、贴等手法，例如深色套装领口镶浅色滚边，适合职业女性穿着。这类色彩搭配方式应注重色彩整体效果，由于色彩面积相对较小、分布分散，因此色彩宜两套为佳，套色过多不易整体把握，也易分散视线。

2. 以服饰配件为主

将服饰配件作为色彩构思的重点，通过与服装色彩形成明度、纯度或色相上的差异，使配件成为整款服装的视觉焦点。配件相对于服装而言所占空间面积较小，其视觉效果在服装整体中处于次要地位，设计师应根据服装的整体需求，运用色彩对比手法，使配件在整体视觉中占据突出地位。

由于配件处于不同位置，大小各异，配色时需区别对待。帽子、挂件、眼镜、围巾等配件处于视觉中心位置，即使与服装色彩在明度与纯度上差异不大也具有重点式配色效果。而包袋、腰带、袜、鞋等配件相对离视觉中心较远，为突出其视觉效果，选择的色彩应与服装在明度和纯度上差异较大。

3. 以服装图案为主

服装上图案以单独纹样为主，视觉相对较集中。以服装图案作为色彩设计重点，可选用与服装在明度、纯度或色相上的对比色彩，使图案色彩产生醒目的视觉效果，如浅色服装配深色图案、灰色服装配鲜艳色彩图案。

（三）渐变式的色彩搭配

色彩用过度变化的多种色彩配色，以此产生一种独特的秩序感和流动美感，这也是服装色彩常用手法之一。这种搭配方式除了包括色相、明度、纯度的各自渐变效果外，也包括色彩这三属性的综合运用。

渐变色彩在服装上注重运用表现色彩的美妙旋律，相对而言款式和细节设计成为次要方面，因此在设计中如何把握色彩与款式之间的关系显得格外重要。在处理渐变色彩中，服装造型宜整体，款式宜简洁大方，细节尽可忽略。

渐变色彩在时装设计中运用广泛。由于高科技的加入使印染技术突飞猛进，近年来，渐变色彩形式呈现多样性，有渐进式、突变式，也有色彩的互相渗透交融。通过在不同质料上的运用，渐变色彩以明度、纯度或色相形式产生独特的视觉效果。

1. 色相渐变式

以色相环所表示的红、橙、黄、绿、青、蓝、紫等色彩为依据，有规律性地渐变可形成如彩虹般的绚丽、灿烂。色相渐变式搭配效果奇特，视觉冲击力强，但整体不易把握，因此是色彩渐变式搭配中最不易协调的形式。在具体配色时，由于色相对比强烈，为降低色彩视觉刺目感，可以相应地调整明度或者纯度。

2. 明度渐变式

以明度的渐进变化配色，从浅色至暗色，或从暗色至亮色。色彩的明度渐变式搭配是常见的设计形式，由于色彩呈现出明暗变化，因此易于协调。此类手法为众多设计师所青睐，已成为近年来女装流行的主要焦点，服装既有视觉变化，又和谐悦目。

3. 纯度渐变式

以纯度的渐进变化配色，从亮丽色至浑浊色，或从浑浊色至亮丽色。如鲜红色至灰色，灰色至鲜蓝色等。由于整体色彩融合了鲜亮色和灰暗色，所以纯度渐变式色彩搭配相对于明度渐变式更具特色和魅力，在具体运用中可有针对性地加强其中一色的作用，凸显其视觉效果。

第四节　流行色在现代服装设计中的应用

"新形势下，我国经济高速发展，社会群众的生活质量不断提高，所以服装设计标准也不断提升。流行色是服装的灵魂，能够直接体现时装的风格和设计元素，也是社会群众在购买服装时的主要选择标准。"[①] 流行色是一种社会现象，是指在一定社会中，某一时期被多数人接受的颜色，并且考虑的不仅仅是特定的颜色，还有其色调和配色方法。流行色与其他流行现象一样具有流行寿命，经历着发生—成长—成熟—衰退—消失的过程。

一、现代服装设计中的流行色预测

流行色的研究和预测都是以商业目的为动机的，但实际上却能改善人们的生存空间、美化生活环境，提高文化的享受层次。像现在这个追求个性化、多样化的社会，流行的预测变得越来越困难。由于服装的选择标准性，色彩就成了首要考虑的因素之一，所以对企业来说，有必要对市场进行仔细分析，把细分后的流行色进行再分析提取，把适合于各种层次消费者的流行色提供给市场。

对色彩流行趋势的预测，是人们掌握和运用客观规律的探索性活动，具有跨越性的意义。预测所获得的流行色，主要是根据市场色彩的动向与流行色专家的灵感、预测，以大量的科学调查研究为基础。

---

① 　闫睿鑫. 流行色在服装设计中的应用分析 [J]. 鞋类工艺与设计，2022，2（8）：6.

（一）流行色的预测依据

流行色的预测依据有三个方面：社会调查、生活源泉、演变规律。

第一，社会调查：流行色本身就是一种社会现象，研究和分析社会各阶层的喜好倾向、心理状态、传统和发展趋势等，是预测和发布流行色的一个重要因素。

第二，生活源泉：生活源泉包括生活本身、自然环境、传统文化，这些都很富感性特征。

第三，演变规律：从演变规律看，流行色的发展过程可分为：①延续性，即流行色在一种色相的基调上或在同类色范围内发生明度、纯度的变化；②突变性，即一种流行的颜色向它的反方向补色或对比色发展；③周期性，即某种色彩每隔一定时间又重新流行。流行色的变化周期包括四个阶段，始发期、上升期、高潮期、消退期，整个周期过程大致为7年，即一个色彩的流行过程为3年（过后取代它的流行色往往是它的补色），两个起伏为6年，交替过渡期为1年。

（二）流行色的预测方法

1. 国际流行色的预测方法

目前国际上流行色的预测方法有以下两种：

（1）日本式：广泛调查市场动态，分析消费层次，重视消费者的反映，并以此进行科学的统计测算。

（2）西欧式：以法国、德国、意大利、荷兰、英国等国家为代表，专家们凭知觉判断来选择下一年的流行色。这些专家都是常年参与流行色预测，并掌握多种情报，有较高的色彩修养和较强的知觉判断力。

2. 国内流行色的预测发布

国内的流行色预测发布由以下方面展开：

（1）调研：定点观察（在指定具有代表性的地段，分组、定时调查流行现状）；发卡征询法；当面座谈法；摄影分析法。

（2）推论：历届流行趋势分析；排除特殊因素的干扰（政治运动、重大科研成果、战争等）；表格显示。

（3）择定：地域性的归纳；阶层的归纳；使用目的的归纳；色彩效果的归纳。更重要的是：择定的参与者、权威人士层、经验丰富的设计师、潮流的引领者的择定。

（4）发布：发布的目的在于调动更多人的参与。

（5）检验：检验前一届流行预测的实现效果，是发布下届流行趋势的重要依据。

二、现代服装设计中的流行色收集与应用

研究和预测流行色的最终目的，在于利用流行色为社会创造更大的经济效益和社会效益。如果把流行色工作仅仅停留在发布和宣传阶段，是远远不够的，因此，服装设计师在创作实践中，应运用流行色进行各种尝试。

（一）流行色卡的识别与分析

国内外各种流行色研究、预测机构，每年要发布1至2次流行色，并以色卡的形式进行宣传和传播。每次发布的流行色卡，一般有二三十种色彩，具体归纳可分为以下色组：

第一，时髦色组。包括即将流行的色彩——始发色，正在流行的色彩——高潮色，即将过时的色彩——消退色。

第二，点缀色组。一般都比较鲜艳，而且往往是时髦色的补色。

第三，基础与常用色组。以无彩色以及各种有色彩倾向的含灰色为主，加上少量常用色彩。

对于流行色卡，还需要全面的分析、正确的理解，以便更好把握与应用到服装色彩设计中。例如之前国际上曾出现过重返大自然的思潮，在流行色发布上就产生了"森林草地色""泥土色""沙滩色""桦树皮色"等。从而形成了流行色的新风尚与新主题。只有在深刻理解流行色意境的基础上，才能使典型的色彩借助于一定的服装和饰品等载体得到充分的展现。

（二）流行色的搭配技巧探讨

按照流行色卡所提供的色彩进行配色，在面积分配上应注意以下方面：

第一，组配服装色彩时，面积占优势的主调色要选用时髦色组，若用花色面料应选择底色或主花色为流行色的面料。

第二，作为流行色互补的点缀色，只能少量地加以运用。

第三，为使整体配色效果富有层次感，应有选择地适当应用无彩色或含灰色作为调和辅助色彩。

（三）服装设计中的流行色运用

服装设计中流行色的应用关键在于把握主色调。具体有以下方法及形式：

第一，单色的选择和应用。流行色谱中的每种色均可单独使用。

第二，单色分离层次的组合和应用。这是一种同类色构成法。在色相保持不变的前提下所组合构成的服装色彩最能取得协调效果，但要注意明度的阶差层次带来的对比效果。

第三，同色组各色的搭配和应用。这是一种邻近色构成法，也是最能把握流行主色调的配色方法。

第四，各组色彩的穿插组合和应用。这是一种多色构成法。全部流行色彩组合，是一种最为普遍、也容易见效的方法，各色组色彩的穿插是多色的对比统一。

第五，流行色与常用色的组合和应用。这是服装色彩设计中最常用和保险的组合搭配手法。

第六，流行色与点缀色的组合和应用。在服装色彩设计中，任何流行色的应用都不排除点缀色的加入，因为，点缀色不仅不会影响大的服装色调变化，而且还会活跃气氛、增加层次，起到画龙点睛的效果。

第七，流行色的空间混合与空间混合而成的流行色。这方面更多地体现在服装面料设计中，作为服装设计师，必须了解和善于使用这种服装面料。另外，流行色谱以外两种以上色彩"交织"构成流行色谱内的流行色调，也是应用流行色的一种手段。

第八，流行色与时代赋予的流行基调。每个时期都有一二种特定的流行色调表现出时代特征，这是设计师应该非常敏感地注意到的。

第四章　服装的图案设计及其创新方法

第一节　服装图案及工艺类型

一、服装图案的解读

图案出现于原始社会并与人类文明和文化的进步相伴随，是人类为了满足自身的生活需要而创造出的视觉艺术。早在原始社会，人类就开始以图画为手段记录自己的思想、活动、成就，表达自己的情感，进行沟通和交流。此间绘制图案的目的多是氏族图腾符号或是以一种沟通交流的媒介出现，在图案的意义上有表情达意的作用。因此，它可以被认为是最原始意义上的艺术作品。图案作为人类审美创造和人类文化的重要组成部分和其他艺术一样来源于生活。中国传统图案作为中华民族的母体艺术，在数千年的历史积淀中形成了中华民族本土文化特有的造型体系、构成体系、色彩体系及形式美规律。

"图案"一词是日语的译音，即装饰、修饰、装潢的意思。图案在我国民间通称为"花样""图样""纹样"。图案在概念上的界定是指结构整齐、均匀为特点的装饰性纹样或图案，是实用与艺术相结合的一种美术形式。对图案可以有广义和狭义两种理解。广义的理解是：图案是为工艺美术品、日用品或工业产品乃至建筑、环境艺术等的造型、构成、色彩及纹样预先设想而绘制成图样的总称。狭义的理解是指一件器物上的每个部位的装饰纹样。图案是由纹样所构成的，因此，就图案设计来说，纹样就是构成图案的主要元素。一个完整的图案作品，可能由一个纹样构成，也可能由几个纹样构成。因此，可以说图案是经过作者设计而把纹样组织起来的。但就总体而言，图案包括基础图案和工艺图案两大类。基础图案主要是学习图案的基础理论，训练基本技法，掌握图案的组织与构成能力；工艺图案是指结合具体用途，使用不同材质、不同制作条件的图案设计。基础图案是为工艺图案打基础，而工艺图案则是基础图案在实际中的应用。图案的设计是为了达到实用和美观的目的，要求适合生产和材料的运用，并对规格、造型、纹样、色彩等的构思、设想所进行的一种艺术创作。

服装图案是对服装的造型、色彩、纹样进行绘制装饰后的称谓。服装图案是物质的，它与生活息息相关；它也是精神的，能给人以美的享受。自古以来。人们就通过图案这种美来展示美的生活、美的理想、美的追求，进而使服饰更加美化人的生活。自古以来，服饰图案广泛应用于服装的面料、装饰、工艺设计等各个方面，只要是美的需要，都可以添加应用。服装图案的取材广泛，表现多样，材料独特，质感丰富，风格各异，能够灵活地与服装面料、服装辅料、服装配件等完美结合。

（一）服装图案的作用

1. 审美的作用

服装图案是一种外在形象与内在精神内涵相结合的表现形式，它能对服装的整体装饰创造特定的情感气氛。尤其是在服装款式比较简单或服装缺乏色彩变化的情况下，配置适当的图案能有效地弥补款式和色彩的不足，使之丰富活跃起来。由于生活环境、经济状况、文化素质、性格体态等方面的差异，形成了人们不同的个性。服饰图案的素雅清淡或粗犷奔放、工整细腻或潇洒流畅等多种风格能有效地烘托出不同穿着者的内在气质。在外在形式方面，图案装饰的纹样、色彩、位置对于穿着者也有引导视线、突出主题、保持平衡、扬长避短、弥补外貌或体态不足的作用，从而能满足人们在服饰穿着上多种多样的要求。

2. 认识、教育作用

服装图案对人们有一定的认识作用和教育作用，尤其是儿童服装上的图案，往往会使幼儿受到启蒙教育。世界上有无数的儿童首先在花布图案上认识了数字和字母；首先通过花布图案中的小动物、植物、太阳、月亮等纹样认识美好的世界。因此，在进行儿童衣料或童装服饰图案设计时，图案的教育作用和认识作用是一个不可忽视的因素。

（二）服装图案的特性

1. 统一性

对于所有的艺术形式而言都应该遵循统一性的原则，对于服装上的图案而言也是如此，在选择图案的时候，设计者还应该根据服装的具体样式以及质地等选择合适的样子，同时还需要考虑场合的不同需求。除此之外，还应该考虑着装者的内在与外在形式美的统一，尽量让穿着与场合统一、协调起来，同时，还应该将时代特色考虑进去。

2. 工艺性

对于服装图案而言，还具有工艺性的特点，在设计服装图案的时候往往是绘制在纸上的，但是将其落实到服装上却需要借助不同的工艺，所以在设计的时候就应该考虑所要用到工艺的限制性，从而发挥出图案的优势，更好地达成设计的目的。

在进行工艺制作的时候，也往往会让某一图案展示出来意想不到的表现形式，例如在蜡染的时候会产生一些冰纹，这些纹路由于是在偶然的情况下产生的，所以就展示出了自己的特点，这些并不是在设计的范围之内的，不会局限于原有的套路，也就展示出了一定的新意。

3. 象征性

图案是最早出现在人们生活中的装饰形式之一，它来源于生活，体现着人们的精神诉求，表达着人们对生活的美好向往。因此，图案具有一定的象征意义。在古代图案艺术或者部落图腾图案中，常借用某些具体形象象征性地去表现抽象的概念。

象征性作为一种特殊的内容，具有间接的、隐蔽的、深层的含义，它使得纹样图案具有独特的魅力，如两汉纹样中的各种奇禽异兽都不是动物世界表面的真实再现，而是"人心营构之象"，它们各自都有其深层的寓意和神秘的象征。

4. 寓意性

服装图案常借某些题材寄予某种特定的含义，譬如莲花寓意纯洁，桃子象征长寿，"岁寒三友"有高洁、耿直的意义等。另外，我国传统图案凭借图案形象读音的谐音，表达美好的祝福，如"蝙蝠"与"福"字的谐音，"桂花"与"桂"字的谐音，"何首乌"与"寿"字的谐音等。

5. 从属性

服饰图案是依附于服装对其进行装饰的，所以相对于服装整体而言，它具有从属性，图案素材的选择、装饰的部位、表现形式和工艺手法都要服从于服装的整体造型与风格，根据服装款式的特点和服用对象的需要而定。服饰图案脱离了服装及配件，则无法显示它的审美价值和经济价值。

同时服饰图案还要从属于材料和工艺的制约。各种原材料有不同的质地和性能，可以产生不同的效果。服饰图案既要符合原材料的特点，又要利用和发挥原材料的优势；服饰图案虽然处于服装的从属地位，但并不代表它不重要，服饰图案的运用可以提升服装的品质，加强服装的审美功能，还可以掩饰人体缺陷。

6. 再创性

再创性展示出的是一种美学特征，是服饰图案在面料图案基础上所进行的一种新的创造转换。在设计服饰图案的时候我们一般会采用两种设计的方式，一种是专门设计，另一种是利用性设计。对于再创性设计而言，一般针对的是面料图案。好多服饰都是由那些带有一定图案的面料做成的，但是布料上的这些固有的图案并不属于服饰图案，这二者之间需要进行一定的转换，这个转换显然就是一种再创造的过程。这种创造使得原来单一的面料图案展示出了丰富多彩的视觉效果，从而让面料图案具有了多样化的特性。

我们可以通过分析衣服的面料从而推测出流行的趋势，也可以从衣服的款式明确其传达的内涵。对于服饰而言，那上面的图案就像是一个个的精灵，让我们不由自主地会多看两眼。尤其是对于那些传统的服饰图案而言，也往往传达出不同的精神，并且会展示出过去人们的审美趋向。在新的思潮下，人们也不由得萌生了许多新设计理念，崇尚自然已经成了时代的新风尚，这也是图案设计者所需要注意的。

随着现代社会的发展，消费者的素质也得到了逐步提高，服饰图案设计者所追逐的不仅仅是一些形式上的美感，同时还会强调文化意义上的展示形式，更为注重对消费者个性的凸显。

（三）服装图案的分类

服饰之意为衣着、穿戴和衣服的装饰。服饰图案，顾名思义即针对或应用于服饰及配饰、附件的装饰设计和装饰图案。从具体的意义上讲，服饰图案与服饰设计是有区别的：前者侧重于服饰的装饰、美化，要求从属于既定的服饰；后者虽也离不开审美，但其面对的是人，更侧重于围绕"人体"这一中心对服饰的总体进行规划，其中包括结构、式样、用途的构想及实现的途径等。当然，从广泛的意义上讲，两者是相通的、密不可分的。服饰设计包括服饰图案，服饰图案服务服饰设计。服饰图案所涉及的范围相当广泛，凡是服饰和与服饰相联系的各种装饰均属服饰图案之列。由于服饰图案的范围很广，包括的内容甚为丰富，所以在分类上比较复杂，角度不同分类形式也各有所异。

第一，按空间形态分类：分为平面图案和立体图案。平面图案包括面料、布料的图案设计，服饰及附件、配件的平面装饰；立体图案主要包括立体花、蝴蝶结，各种有浮雕、立体效果的装饰及缀挂式装饰。

第二，按构成形式分类：分为点状服饰图案、线状服饰图案、面状服饰图案及综合式的服饰图案。

第三，按工艺制作分类：分为印染服饰图案、编织服饰图案、拼贴服饰图案、刺绣服饰图案、手绘服饰图案等。

第四，按装饰部位分类：分为领部图案、背部图案、袖口图案、前襟图案、下摆图案、裙边图案等。

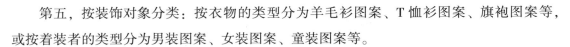

第五，按装饰对象分类：按衣物的类型分为羊毛衫图案、T恤衫图案、旗袍图案等，或按着装者的类型分为男装图案、女装图案、童装图案等。

第六，按题材分类：分为现代题材、传统题材或西洋题材等，也可以分成抽象或具象服饰图案。

第七，按照内容分类：分为动植物图案、人物图案、几何图案、变异图案等。

(四) 服饰图案的构成

1. 独立形构成

所谓独立形构成，也称独立构图，是指一个独立的个体纹样造型的构图方式，主要包括：单独纹样、适合纹样。独立构图在组织形式和图形应用中具有独立、完整的性质，由于其组织形式不同，进而形成不同的图案风格，因此，在服装设计中也各显其特色，发挥了独特的作用。

（1）单独纹样的构成及应用。单独纹样是独立性构图的一种形式，例如，一枝花、一只动物或一座建筑等，都可以组成一个单独纹样，进行独立式构图。单独纹样的构图有两种基本形式：一种是对称形；另一种是平衡形，分为规则形和不规则形两种。其特点是图案形象的变化和动势，既不受外形的束缚，也不重复自身，所以在结构表达上只要使人感到形态自然、结构完整即可。单独纹样在服装、服饰上运用广泛，图案显得醒目、活泼自由。

（2）适合纹样的构成及应用。适合纹样的组合形式，是将纹样处理成适合于某一特定的外轮廓中，在组织纹样时受外轮廓的制约，组成后去掉外轮廓时，纹样仍具有外轮廓的特点。依据不同的物象内容和要求，选择与之相适应的构图形式，具体可分为形体适合构图、填充体适合构图、格律体适合构图等。

2. 连续形构成

所谓连续形构成，也称连续构图，是指一个基本单位或纹样上下、左右或八方循环持续的排列构图，形成连续不断的图案构成类别，并可以无限延长和扩大。连续性构成的节奏感强，具有很强的条理性、秩序性和连续性。连续构图可分为二方连续构图和四方连续构图。

（1）二方连续构图。二方连续构图，就是指单个设计的纹样向上下或左右重复而组成图案的方式，上下排列为纵式（竖式）二方连续，左右排列为横式二方连续。二方连续能使人产生秩序感、节奏感、适合作为衣边部位的装饰。

（2）四方连续构图。四方连续图案是由一个单位纹样向上、下、左、右四个方向重复排列而成，可向四周无限扩展。因其具有向四面八方循环反复、连绵不断的结构组织特点，又称为网格图案。四方连续图案有散点、连缀、重叠等各种形式，其中以散点连续为主要构成形式。

二、服装图案的工艺类型

在服装设计中，图案是一种重要的元素，能够赋予服装以独特的风格和个性。不同的服装图案工艺类型为设计师提供了丰富的选择，使他们能够实现各种创意和想法。下面探讨几种常见的服装图案工艺类型，包括刺绣、印花、烫钻、织物染色等，以帮助读者更好地了解服装图案的制作过程和特点。

第一，刺绣。刺绣是一种将线缝入织物中以形成图案的工艺。它可以使用手工或机器完成，通常需要熟练的技术和良好的细致性。刺绣图案可以采用各种线材，如棉线、丝线、金线等，也可以与其他装饰元素结合，如珠子、水晶等。刺绣图案可以在服装的各个部分上进行，如衣领、袖口、胸部等，能够增加服装的华丽感和立体感。

第二，印花。印花是一种将颜料或染料应用于织物上，形成图案的工艺。它可以通过手工或机器完成。印花可以采用各种技术，如丝网印刷、热转印、数字印花等。不同的印花技术可以实现不同的效果，如平面印花、立体印花、渐变效果等。印花图案可以是几何图案、花卉图案、动物图案等，可以根据设计师的创意和需求来定制。

第三，烫钻。烫钻是一种在服装上添加亮片或水钻的工艺。它可以通过手工或机器完成。烫钻可以使用热敏胶将亮片或水钻粘贴在服装上，也可以使用热敏胶将亮片或水钻固定在服装上。烫钻图案可以是简单的图案、文字或复杂的图案，能够为服装增加闪亮和华丽的效果。

第四，织物染色。织物染色是一种将染料应用于织物上，使其改变颜色的工艺。它可以通过手工或机器完成。织物染色可以采用各种技术，如浸泡染色、印花染色、喷洒染色等。不同的染色技术可以实现不同的效果，如均匀染色、渐变染色、纹理染色等。织物染色可以应用于整块织物或特定部分，可以实现各种色彩和图案的组合。设计师可以通过织物染色工艺将独特的色彩和纹理融入服装中，打造出独特的视觉效果。

第五，刺绣补片。刺绣补片是一种通过在织物上添加刺绣补丁来修饰服装的工艺。刺绣补片通常由绣花图案制成，可以手工或机器缝制在服装上。刺绣补片可以用于修复损坏的区域，也可以用作装饰元素。它可以在服装的各个位置上应用，如肩膀、背部、袖子等，能够为服装增添独特的个性和风格。

第六，图案镶边。图案镶边是一种通过在服装边缘添加镶边来装饰服装的工艺。镶边可以是织带、刺绣边、蕾丝边等，可以手工或机器缝制在服装上。图案镶边可以用于领口、袖口、裙摆等位置，能够为服装增添精致和华丽的效果。

第七，拼接与贴片。拼接与贴片是一种通过将不同的织物拼接在一起或在服装上添加贴片来创造图案效果的工艺。拼接与贴片可以采用不同的颜色、材质和图案的织物，使服装呈现出丰富多样的层次感和立体感。拼接与贴片可以应用于不同的服装部位，如衣身、袖子、口袋等，能够为服装带来时尚和个性化的视觉效果。

综上所述，服装图案的工艺类型多种多样，每一种工艺都有其独特的特点和应用范围。刺绣、印花、烫钻、织物染色、刺绣补片、图案镶边以及拼接与贴片等工艺类型为设计师提供了丰富的选择，能够实现各种创意和风格的表达。通过巧妙地运用这些工艺类型，设计师可以打造出独特、精致且富有个性的服装图案，为时尚界带来新的惊喜和潮流。

第二节　服装图案的设计方法

一、服装图案的设计程序分析

（一）服装图案的设计构思

在进行服饰图案设计构思的时候，要重视选材，同时还应该对功能、塑造以及工艺制作等方面的问题进行深入思考，只有经过多次论证与改善，才能顺利找到自己的设计方向，并且在设计的时候也更能够做到成竹在胸。

1. 观察

设计师在构思时应该进行全方位的考察，深入实际生活去搜寻素材，同时还应该多研究消费者，并搜集相应的各种情报，从而为服装图案的设计找到更多的灵感。

资料的收集可以说是很细化的一个阶段，也是很重要的环节。在这个过程中，要把与灵感来源息息相关的各个方面的内容资料以照片、图片的形式汇总在一起，这些广泛而多样的灵感被具体化时，还需要加以取舍和限制。经过调研，要把相关的形象图片加以整理，得到一个能充分说明主体的灵感资料册。在资料收集和观察现实的过程中，服饰与图案的风格也就逐渐变得清晰又明了了。

2. 想象

要想塑造出一个更好的服饰图案形象，那么就离不开设计者的想象力，很显然，这需要调动起自己的积极思维，毕竟只有经过深入的观察，经过仔细的思考之后才能形成一种印象，从而发挥出自己的创造性。

3. 灵感

灵感并不是凭空产生的，而是人们想象的升华，是通过人长期的思考之后顿悟出的一些想法。在整个的构思过程中，就应该让自己的思维活跃起来，多寻找脑海中那些存在的意向，从而获得一些启发。

对于不同的设计者而言，他们的思维方式显然是不同的，所以就存在不同的构思方式，但是在进行服饰图案设计的时候一般都会围绕以下四点展开：第一，根据服装的特性从而去定图案的基调；第二，根据所要装饰的部位去定所选择的形象素材；第三，在多种方案中，选择出最佳的表现手段；第四，进行草图的勾画，此时就会形成大体的草图，但是草图依然是可以修改的。

在进行服饰图案构思的时候，往往是需要从草图开始展开的，在勾勒草图的时候，设计者的脑海中也会慢慢呈现出一个大体的逻辑起点，这是让想象落实到设计的一个关键步骤，这样不仅可以让游离的意向变得清晰，还能让自己的想法更趋于完善。

（二）服装图案的设计表达

对于服饰的图案设计表达主要包括两个方面的内容，一是进行案头表达，二是进行实物制作。前者是将设计师的意图通过图像的方式表达出来，而后者则进入制作环节，将设计者的构思落实到实物上。

对于设计构思而言，案头表达是将自己的想法落实的第一步，一般是先将图案落实到纸上，找出一种更适合的图案形象，并且进行色彩搭配设计。为了让设计者的意图能更清晰地表达出来，有时也可以辅之以一定的文字说明。

根据设计的方案，在进行实物表达的时候就可以运用相关的材料进行一些试探性的制作，这样就可以让设计的效果更为直观，并且无限接近于成品的样子，此环节的顺利开展往往需要设计者、生产者以及制作者合作完成。

工艺表达是设计服饰图案时必须要考虑的因素，不同的面料、不同的工艺，表现出的图案效果是不同的。服装的图案部分是选择刺绣或是坠饰的镶嵌物是因服装的风格与面料的质感而定的。扎染、丝网印制、数码印制，刺绣、钩编、镂空、镶饰、拼贴等工艺都是适合服饰图案的表现手法，无论华丽的立体工艺或是朴实的平面工艺都应该有助于服装设计主题的表达，重点在工艺的表现要符合服装的整体意境，或突出，或含蓄，协调是原则。

恰当的色彩可以很好地衬托服饰与图案，更好地强调服饰的风格主题。在服饰色彩的表现中，是突出服饰中的图案，选择与服装色彩大相径庭的对比色，或是抑制图案的跳跃性，选择与服装极为相似的同类色，需要耐心地打磨与反复的比较。色彩被赋予了很多内涵，例如文化、情感、心理等意向或潜意识的观念，还要符合季节、面料质地、年龄人群、系列感效应等客观因素。多色彩、多面料组合的系列服装图案对于色彩的要求会更高，色彩的衬托要给人适合的感觉，并且图案与服饰两者要显示微妙层次感。

任何与设计有关的活动，都充满了努力与挑战，完美作品的成功背后是艰辛的付出与复杂的取舍及完善。随着设计能力的提高，灵活运用服装图案的设计程序有利于我们设计出更完美的作品。

二、服装图案的设计思维转换

（一）服装图案设计思维的转换方法

设计师的灵感可以来自生活中的方方面面，例如自然界中的花花草草、人文历史、建筑物，甚至于电影歌曲等。这些引发设计师灵感的事物可以被称为灵感源。同时，设计师必须确定设计主题以及自己想通过设计表现出的设计理念。在这个基础上，设计师可以对其灵感源通过写生、摄影等方式做进一步的研究和资料收集，以便更好地从中提取出可能被用于服饰和图案设计中的设计元素。

因此，服装图案一般是设计师找到灵感源后，通过把灵感源转化为设计元素，再转化为图案这一过程得到的。如果找到了服装图案的设计灵感，就应该先确定这个构想是否与服装所表达的设计理念相吻合，之后才能从其中搜索出适合自己的各种设计元素。

如果灵感来自水，那么这个水的概念显然是比较宽泛的，并且水带给人的感觉也会比较单一。正如前文所说的，我们在设计的时候就应该关注一下那些与之相关的设计元素。同样都是水，但是不同样式的水会传达出不同的设计效果，所以我们在观察时也应该有不同的侧重点。如果要展示出水的恬静婉约，那么就应该多搜集一些缓慢流动的水的姿态，例如水滴以及缓慢的水波等，这些显然都可以放入我们的素材库。但是如果想要展示出水的奔腾与活力，则应该多观察那些动态的、具有大落差的水的态势。

在近年来的时尚界中，鲜少有那种单一的设计理念在某一服装上集中呈现，在设计某一系列的服装时，设计者往往会融合多种设计元素。在一件服装中如果仅仅使用单一的元素，那么就会让服装过于呆板，如果多搭配不同的设计元素，那么显然就会让服饰显得更为生动。

（二）服装图案设计思维转换的实施

第一，从灵感源中找到想利用的设计元素。

第二，把设计元素和设计理念结合起来，收集背景资料。

第三，确定作品风格和市场客户群。

第四，结合服装款式和面料设计服装图案。

第五，在图案制作过程中如有需要，根据实际操作对其进行修改。

第三节　传统图案在服装设计中的应用

"传统图案是我国优秀的传统文化中的重要组成部分，具有一定的历史特性、文化特性。服装设计人员将传统图案融入服装设计的过程中，有助于中华传统文化的大范围宣传和进一步弘扬，能让更多的人借助服装对中华传统文化产生了解。"① 与此同时，有必要对服装设计师的设计思路进行创新和优化，使他们的设计工作不拘泥于当代的文化，而是能从整体的角度出发，探索不同的传统图案的内涵及价值，对设计的思路进行进一步的改善，让传统图案在服装设计工作中展现出独特的作用和优势。

一、传统图案在服装设计中的应用价值体现

几千年前，传统图案就已经在我国的民间出现，其体现着中华民族的先辈们对美好生活的向往与追求，他们将对生活的心意融入平面中制作成各式各样的图案，借助图案的形状和物体的名字谐音进行表达，具有极其独特的代表价值和意义，是我国传统民风民俗的主要标志。因此，这种模式在社会发展的过程中得到了十分广泛的传承和应用，也获得了群众的认可。

实际中，传统纹样并不仅仅包括传统的图案，也会涉及很多正面的价值观，例如人们对于身体健康的希望与对于五谷丰登的追求。传统纹样在很多场合都有所体现，包括陶

---

① 　魏薇. 传统图案在服装设计中的应用探析 [J]. 化纤与纺织技术，2022，51（12）：151.

瓷、纺织、建筑、服装、雕刻等多个领域,渗透在人们日常生活中的方方面面。

传统图案从最开始有人类生活迹象的时期起,就已经有所体现,其反映出人类生活的欲望、人类发展的特点和人的本能。其中,装饰语言在实际生活中的应用体现出人类对美好幸福生活的追求与对于艺术美的追求,希望在实现长时间发展与生存的过程中获得愉快的情绪和更多的体验。伴随社会的发展和人类的进步,整体的生活条件与生产方式都产生了更新和变化,人类对美的追求也有所改变。不同时期生活制品和装饰品除了具有造型优美的特点,也会和装饰纹样融为一个整体。装饰纹样在实践应用的过程中有着复杂多样的变化,也产生了各种各样的风格,其体现着不同时期的社会风向,也展现着丰富多样的民族特色,更反映出了不同时期创作者的智慧。针对此类传统图案,需要相关的研究人员在研究的过程中更加深入,投入更多的精力,思考传统图案的贯通点与优势,并且在实践中将其进行应用,实现传统文化的进一步传承和发扬,使我国设计图案的综合水平得到大幅度的提高。

二、传统图案在服装设计应用中遵循的原则

下面以装饰纹样为例进行探讨。实践中无论是对装饰纹样的材料进行重新选择还是对其进行组合,最终的目的都是更好地让装饰纹样和服饰设计之间相互融合。由于装饰纹样的样式千奇百怪,只有把这些多元的纹样样式进行系统的归类,使之形成一个整体,后续做出进一步的整合优化,才能更好地实现和满足服装设计与装饰纹样之间相互融合的目标和要求。因此,装饰纹样本身是复杂的,它们不是单独存在的个体,而是需要依靠服装设计才能充分体现出自我的价值。

要实现装饰纹样与服装设计的时尚风格之间的完美结合,首先就要先设计好装饰纹样,之后再将其融入服装的样式中,使之发挥价值;其次则要将装饰纹样和服装共同开展制作,并进行调整和优化,从而达到预期的目的。图案纹样设计的原则包括以下方面:

(一) 创造性原则

在现代服装设计工作中,创意是最基础的一个环节,也是整个服装设计工作实施的关键之处。艺术本身来自生活,却又高于生活。因此,使用传统图案纹样进行服装设计创造的过程中,必须进一步优化与创新,而服装设计的时尚性则要求图案设计能够不断吸收传统文化中的内涵及养分,并在此基础上进行进一步的优化,更能借助特殊的方式诠释设计师的意图和想法,让传统图案纹样的价值得到最大化的发挥,使之渗透在服装设计中,和消费者产生共鸣。

（二） 美学原则

服装设计是相对比较独特的艺术存在形式，服装设计师在具体设计服装的过程中应当遵循审美性原则，要理解使用传统的图案纹样最为关键的目的是展现出人体结构和服装设计之间的关系，实现二者之间的完美融合。同样，图案和人体结构之间的结合也能让人的外在形象得到美化，反映出服饰对于人体线条的修饰所产生的关键影响。图案纹样在应用的过程中绝对不仅仅只会呈现出一种空间感，更能在装饰服装的同时修饰服装本身的版型和样式。图案纹样装饰所具有的空间感对于设计师来说异常关键，主要是因为这种空间感的呈现有助于装饰、强调以及弥补人的形体上的不足，形成特殊的美感。这种美学原则是现代服装设计中对传统图案进行应用的关键。

（三） 和谐性原则

在当前服装设计工作中，对于服饰图案纹样装饰使用的比例、位置和主次关系设置的安排都需要符合审美性要求，服装的形式和设计理念则成为服装造型设计与内部设计相结合的一种特殊美学形式。服装设计是极其深奥又充满趣味性的学科，在服装设计工作的过程中，设计师应当关注和谐一致的原则，从而体现出更好的设计效果。

（四） 协调性原则

和谐统一会考虑到人体的协调性与服装构造的差异性，服装设计工作的开展不仅要和人体的结构相互匹配，还要考虑到科技发展的水平，融合材料制作的工艺，展现出更好的成效。

（五） 可实现性原则

服装设计工作的开展充分使用了当前社会中的原材料，在表达设计思想、审美的过程中，要充分考虑到现实社会发展的趋势和方向，也需要综合考虑到技术、图案、材料等多元因素的影响和制约，开展更加科学合理的设计工作。例如在服装设计中选择传统图案纹样时，要和结合服装本身的版型、材质等多方面要素相匹配，才能体现出可实现性。

三、传统图案在现代服装设计中的应用途径

（一） 直接应用的途径

传统图案纹样是以当时社会中的一些优秀产品作为基础优化获得的，在西方的服装设

计观念中，纹样仅仅是作为一种装饰物存在，其中没有过于烦琐和丰富的含义，更没有象征性价值，也正是因为西方的行业内人员对于纹样所蕴含的深刻内在价值了解不足，所以他们使用传统图案时最直接、简单的方法就是对其进行直接应用，这也是符合现实情况的一种模式。

实际上，传统纹样主要包括丰富的主题纹样和非主题纹样等，传统纹样的造型相对来说比较精致，在制作上也更加精巧。可能会为了追求更具现代化的个性而选择艺术家所喜欢的更加随意的表现形式，在实际应用过程中产生了更强的视觉冲击力，也形成了构图更加饱满的整体画面，因而形成了个性化的表现形式。现代服装设计师在开展具体服装设计工作时，就应当直接使用传统图案，将其渗透和呈现在服装设计作品中，去除其中烦琐的装饰，只留下主图案的造型，使主图案更加突出和鲜明。

（二）化繁为简的策略

在社会长时间发展的过程中，传统图案的内容逐渐得到了丰富，其组成体系也更加完整，在现代服装设计中如何使用合适的传统图案并发挥其价值和作用，形成别具一格的设计效果，是每一位服装设计师都要考虑的问题。设计师会借助抽象、夸张的手法对传统的图案进行进一步优化，满足化繁为简的要求，或者基于传统的图案基础进一步创新，形成更新的优质图案，使设计师的设计目的得以达成。

例如，设计师可以采取化繁为简的思路，将传统图案中包括石榴、牡丹以及各种山水花鸟类型的图案用于服装的胸前或者袖子、领口的位置，从而实现传统图案的创新和应用。

（三）在结构上的契合

一般而言，服装款式对于图案形象的选择和装饰的部位有着极其严格的限制，如果图案形象的选择和位置的放置不合理，在整体的样式呈现上会出现矛盾感。只有传统图案的选择和服装的部位之间相互融合，才能够形成统一的效果，让二者相得益彰，使服装设计的效果更加优良。在现代服装设计活动中，设计师不仅要考虑到传统图案所具有的美学价值，还要重视图案与服装结构之间的契合程度。服装设计中所讲究的文化内涵越来越深刻，因此在开展服装设计工作时应将传统文化作为出发点，吸收其中的精华，实现中西融汇、古今贯通的目标。

相比较来说，东方文化讲究的是婉转含蓄，讲究立意的鲜明与寓意的表达，而西方文化则会更加关注结构，他们会更重视外在上的形式感，这就导致东西方的服装设计理念之间的差异。设计师在设计服装时只有更加关注服装的结构契合性，让传统图案在服装的结构中得到完美的融合，才能够体现出更加优良的服装设计效果。例如在设计女性服装时，如果设计的是宽松的版型，那么在图案的选择上则可以更加随意；设计修身的版型时，就应根据服装结构自身的复杂程度与结构线条的多少来选择更加简单和精致的传统图案作为装饰。

（四）风格上形成统一

现今的社会环境下，开展服装设计工作不仅仅是将传统的图案进行进一步的拼接和组合，使之形成新的内容，更要关注服装设计中的文化内涵，以风格统一的模式对传统图案中的寓意进行深化。例如传统图案中的鱼就代表余，引申为年年有余；而牡丹则代表雍容华贵。每一种传统图案所具有的历史背景和文化内涵都各不相同，在设计的过程中，设计师应当关注整体风格的统一及协调。例如在设计高档礼服时，可以选择鸟兽纹、图腾等一些比较庄重典雅的图案，为了防止整体风格的冲突或杂乱无章，在设计中不能选择粗线条的图案，而应选择一些花朵图案。

（五）色彩的搭配技巧

服装设计中的色彩选择是极其关键的一个环节，主要是因为色彩的呈现会直接刺激到人们的感官，使人们对设计师的设计理念产生相对应的了解。一般来说，传统图案的色彩都相对比较鲜艳，设计师在选择色彩时就需要做好不同色彩的选择，让色彩和服装相得益彰。实践中会发现很多人更喜欢蓝色，主要是由于黄种人的肤色和蓝色配合得更加协调，蓝色能够更好地对黄种人的肤色进行柔化。在现代服装设计的发展过程中，设计师借助合理的色彩搭配原则，能够更好地实现传统图案在服装设计中的融入，也能够实现色彩、艺术、现代科学技术手段之间的有机结合，最终创造出更多优秀的兼具文化内涵，又符合现代人审美需求的设计作品，使我国的服装设计行业实现快速稳定的发展。

总而言之，上千年民族传统文化的发展为服装设计工作的实施提供了参考依据和有利条件，但是在创作蕴含中华传统文化之美的国风服装的过程中，绝对不是一味地对民族服饰进行钻研，让民族传统得到继承，使中国元素得到挖掘，却忽视了服装设计的本质，而是需要将传统图案用于现代服装设计中，体现出良好的设计效果。这样能让中国的服饰文化得到进一步的传承，并受到更多人的关注和推崇，更能让服饰图案的寓意深入人心，发挥图案的装饰价值，被群众所了解。可见，在现代服装设计中思考对传统图案元素的融入方法是能够发扬中华传统优秀文化、促进我国综合国力提升的特殊方法。针对传统图案在服装设计中的融入问题进行的探索与研究，有助于传统图案的价值发挥及其进一步传承。

第四节　装饰图案在现代服装设计中运用的创新方法

一、装饰图案对现代服装创新设计的作用

图案对服装设计的影响是很大的。装饰性图案的核心作用就是装饰性。随着人们审美水平的提高，设计师也在不断创新服装设计。将民族特色的图案融到服装设计中，对服装设计的创新是有利的。很多设计师深入研究民族特色图案，并将其恰当地融到服装设计中，使民族特色元素与服装设计有机结合，发挥装饰图案对服装设计的装饰作用。

纵观服装设计中的装饰图案，一般占比不大。即便如此，这些装饰图案在服装设计中的作用也是不容忽视的。服装的款式种类多样，是影响服装设计的重要因素。设计师在注重服装款式设计的过程中，应该恰当地融入一些装饰性图案，这样有利于提高服装设计的审美性，给人不同的美感体验。可以说，这些装饰性图案的作用是不容忽视的。这种画龙点睛的作用能够提高服装设计的整体效果。近年来，很多设计师已经意识到装饰性图案在服装设计中的作用，并不断将这些图案与服装设计有机结合，使不同类型的装饰性图案发挥作用。

装饰性图案在服装设计中的应用，彰显了艺术的魅力和实用的价值。大自然作为装饰图案的来源，能够为装饰性图案的发展奠定基础。在实际设计过程中，人们应该借助色彩、造型等因素来展现装饰性图案的艺术感召力和实用价值。装饰性图案与服装设计的结合提高了服装设计的艺术魅力，能够在一定程度上满足人们的服装审美需要。

装饰性图案在视觉方面，也有着自身独特的特点。它能够给人一种较强的视觉冲击力，有利于人们整体地看到服装设计的效果。通过这种视觉语言将服装设计的相关信息体现出来，突出了信息传递的作用。

除此之外，装饰性图案还有利于体现着装者的情感。装饰性图案内涵丰富，涉及民族文化、地域文化等。将装饰图案应用于服装设计中，能够体现着装者不同的情感。

二、装饰图案在现代服装设计中的运用方法

（一）抽象变异式设计

抽象变异式设计是装饰图案应用于服装设计中的一种方法。这一方法主要是以常见图

形为基础，再采用恰当的手法对图形进行创新设计。这一设计方式在对图案处理的过程中可以采用变形手法，也可以采用概括手法。

这一方法中主要涉及两个方面。第一个方面是抽象，第二个方面是变异。抽象主要是对图形进行概念化处理，之后结合图案设计需要，采用不同的方法进行处理。而变异主要是对图形进行再设计处理，之后根据图案实际情况，对图案进行创新。

（二）命题式切入设计

命题切入设计也是一种常见的方法。命题切入设计主要是从一个原有命题入手，进行假设性设计，最终实现图案与服装的有机结合。

不同的命题有着不同的要求，设计师应该根据这些要求进行设计。当然，在设计过程中，设计师应该分清服装与图案之间的主次关系，充分发挥图案在服装设计中的作用。

（三）借鉴延伸式设计

借鉴延伸式设计，主要是对已有图案进行设计。在对这类服装图案进行设计时，可以借鉴一些手法，对已有服装图案进行加工、处理、重组、重构等，使服装图案设计能够产生不同的类型，促进服装图案设计的延伸。

上述是装饰图案应用于服装设计的常用方法，无论采用哪一种或哪几种方法都要根据人们的需要，结合服装图案设计的要求，科学选择设计手法，要敢于融入一些新的思维和理念，真正创新服装图案设计，使服装图案设计向更远、更宽的方向延伸。

三、服饰图案在现代服装设计中的创新设计

第一，服饰图案的题材要紧跟时代。题材是影响服饰图案设计的重要因素。不同的题材有着不同的内涵和特点。新时代服饰图案题材与传统的服饰图案题材有着很大的差异。设计师在设计服装图案时，应该紧跟时代，运用符合时代要求的服饰图案题材，这样才能满足当前人们对服装图案的审美要求。

第二，服饰图案的表现手法要多种多样。要想对服饰图案进行创新设计，还应该注重服饰图案的表现手法。众所周知，传统的服装图案设计表现手法单一，这在一定程度上限制了服饰图案的创新发展。因此，设计师应该融入多种的表现手法，为服饰图案设计创新提供保障。近年来，随着信息技术和印染技术的不断发展，服饰图案的表现手法也更加多样。设计师应该结合服装图案设计的要求选择不同的表现手法，保障服装图案表现手法的多样性。

第三，服饰图案的造型要新颖独特。服饰图案设计涉及的因素很多，例如图案题材、色彩搭配、表现手法等。除此之外，服饰图案造型也会影响服饰图案设计。新时代人们对服饰图案造型的要求越来越高。为了满足当今人们的审美需要和造型需求，设计师应该紧跟时代的发展，改变传统的图案造型设计，注重造型设计的新颖性。同时，不同的人对服饰图案造型的要求也是不同的。因此，设计师还要注重服饰图案造型设计的独特性，彰显人们的不同个性发展。

第四，服饰图案的色彩要丰富。色彩作为一种视觉因素，对服饰图案的影响是很大的。因此，设计师应该注重色彩搭配，注重色彩的多样化。

在当今时代，人们在满足物质生活的同时更加追求精神享受，其审美水平也会越来越高。服装设计受很多因素的影响，例如，色彩、款式、图案、面料、工艺等。即便一个服装的面料、工艺、色彩、款式等都相同，而服装中的图案设计不同，也会影响着服装的整体效果和价值。融入创新理念的服饰图案更能够增加服装的附加值。

第五章　服装造型设计运用与创意方法

第一节　服装造型设计遵循的原则

一、服装造型设计的流行性原则

对于服装而言，始终与时代步伐保持一致才是其能够永葆发展动力的关键。流行性是服装造型设计应当遵循的重要原则之一。社会流行的趋势总会跟随社会的发展产生一定的变化，服装的流行趋势也同样如此。一般而言，服装造型的流行具有一定的周期性，是根据这一时期社会的发展状况以及人们的消费需求而变化的。而这种造型的改变只是服装外形的变化，因此，只要加以分析，就很容易把握现下的流行趋势并对未来的流行走向进行预测和引导。"对于服装造型的设计，人们历经了从重视服装造型的延续性与完整性到重视服装造型的时尚型与美观性，这主要与社会生活水平的提高与人们思想的解放有着密切的关系。"[①] 服装造型设计必须要对社会的流行趋势加以分析和把握，对于设计师而言，除了要有专业的设计师素养之外，还要具备敏锐的洞察力，要能够精准地捕捉到社会热点资讯中所蕴含的流行信息，并将其进行改造后融入造型设计的元素之中，形成独特的设计风格，走在时尚的前端。

二、服装造型设计的材料性原则

服装造型的成功除了要借助工艺手段之外，还对服装的面料有一定的要求。面料是服装造型设计得以成功的基本元素之一。在服装成为产品之前，需要通过构思形成服装设计方案，而材料的选择就是在设计方案实施的过程中进行的，只有选择了合适的材料再辅之以必要的工艺手段，设计构思才能从无形变为有形并最终形成产品。一个服装设计师没有好的材料就无法设计出完美的作品，材料对于服装设计师至关重要。而面料则是进行服装

---

① 何璐. 新时期服装造型设计思维的探究 [J]. 湖北第二师范学院学报，2015，32（11）：55.

造型设计的技术性因素，为服装造型设计的完成奠定了物质基础。

三、服装造型设计的制作性原则

在服装的设计过程中，其作品的构思与制作是两个相互联系的环节。构思只是人在头脑中产生的对设计作品的思索，并不等于现实的制作。而制作是将构思完成转化的一个过程。即构思可以是灵感的迸发，而制作则是实践活动，从这一方面来看，构思过程和制作过程有十分明显的区别。一般而言，人类进行构思活动不必受客观条件的限制，可以无尽想象，因为其只是在脑海中构建设计的可能性。而与之不同的是，由于制作过程是现实性的活动，所以其必然要受到一定的限制。由此可见，实际的制作过程会对设计构思有一定的限制。在实际的设计过程中，设计师要对服装设计的各个环节进行细致的思考，保证制作过程的严谨性，从而最大限度地完成设计构思。除此之外，设计构思与制作过程中产生的思维差异，有时也会推动设计灵感的形成，迸发出新的灵感，产生新的设计作品。因此，制作的过程也尤为关键。

四、服装造型设计的经济性原则

随着社会的进步与发展，服装不再只是满足人们为了抵抗严寒、遮蔽酷暑的需求，而更是人们生活水平和消费水平得以提高的显著标志。伴随着经济发展水平的提高，人们在服装消费方面的要求也发生了明显的变化。经济的发展现状是使得服装消费发生改变的客观基础。生产力决定生产关系，经济水平的提升使得人们的购买力也随之提升，人们的经济条件可以满足其对流行趋势的追求，这些都影响着服装流行的趋势。因此，服装造型设计要想追随潮流，就必须关注社会经济与国民收入水平，这就是服装造型设计要遵循经济性原则的原因。

五、服装造型设计的审美性原则

服装设计除了要保证服装的实用性之外，还必须符合一定的审美标准。具备审美特质已经成为当今时代人们选择服装的基本要求之一。首先，服装造型设计的审美特质表现在其追求形式上的美感，一般而言，审美性指的是服装所具备的可观赏性。其次，审美活动的主体有两类人，即服装设计师和消费者，他们都是进行审美活动的主体，对服装的审美性具有一定的指导力。

而审美活动的客体就是审美活动所指向的对象，显而易见，在服装设计中就是指服装。作为审美活动的主体，消费者是通过观赏自己的服装而获得对审美的体验，从而获取情感上的愉悦。而服装设计师的审美愉悦则更多的来自其对自身作品的形式美的更高追求，设计师通过捕捉美的信息，并将自己的思考与见解融入其作品之中，获得大众的认可，这是其审美愉悦的主要来源。优秀的设计师必须具有敏锐的洞察力以及创新性思维，设计出更符合大众审美的服装作品，在心灵和情感上引发人们对于美的追求与向往。

六、服装造型设计的舒适性原则

"服装造型设计是一个包含多个环节的复杂系统，服装设计的造型和风格在很大程度上决定了服装的整体表现力，同时服装造型设计和风格十分依赖于面料。"① 一件服装被人们所喜爱并不只是因为它符合审美且独一无二，舒适性才是人们选择服装最应该看重的首要原则。现代社会生活节奏日益加快，人们面临着诸多方面的压力，因此，人们的生活理念发生了变化，更加的追求舒适、放松的生活状态。同样，在服装的选择上人们也减少了对形式的追求，喜欢更加舒适的设计，想要由此获得身心上的愉悦。因此，服装造型虽然千变万化，但仍然要以舒适为重要的设计原则。舒适性原则也可以被理解成"以人为本"原则，即要让服装设计满足人当下的现实需求。

第二节　服装造型设计的立体剪裁

立体裁剪是服装造型的构成方法之一，它要以平面裁剪作为基础理论，并可以弥补平面裁剪的不足。"立体裁剪技术作为服装设计中最重要的造型技术之一，需要设计师具有超高的实践能力和想象力，用布料在人台上直接裁剪出设计师想要的造型，使其直观感受面料上身效果。"②

一、服装造型设计之衣领的立体裁剪

衣领为服装与颈部贴合部分的造型，是服装设计和结构的重要组成部分。通常衣领的设计和制板要在充分考虑衣领与穿着者头部的形态、颈部的形态以及肩四周曲线之间关系的基础上，结合人们的审美情趣以及服装款式的需要进行。

---

① 彭慧. 面料性能对服装造型设计的影响研究 [J]. 化纤与纺织技术，2021，50 (5)：108.

② 张周来. 浅谈服装设计中的立体裁剪技术 [J]. 黑龙江纺织，2020 (3)：22.

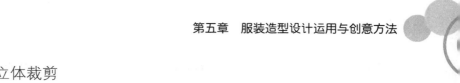

（一）立领造型的立体裁剪

"衣领是服装部件中最引人注目且造型多变的部件，在进行领子的结构设计时，需要考虑多方面的因素。"① 立领，顾名思义是站立的领子，通常指向上竖起同颈部保持平行或与颈部成一定角度的领型。"立领是衣领的重要种类之一，其防护、保暖功能及装饰作用是服装设计中要考虑的。"② 立领自古便是中国民族服饰，如旗袍等中式服装的常用领型，也是西方现代服饰中的常见领型之一。立领是中国服饰文化的精髓之一。历经多年的演变，立领款式在日常生活中非常普遍，除了传统的紧扣型外，现在的立领的开口有了很多的变化，并且融合了立体裁剪工艺，如加入掐腰、垫肩等设计元素，巧妙地立足于经典与个性之间，既具有民族特色又不乏时代特征和现代气息。

（二）波浪领造型的立体裁剪

波浪领又称荷叶领，是指领片呈荷叶边状、波浪展开的领型。由于波浪具有起伏的线条和动感的波浪造型，它们都是服装立体化造型的最常用的装饰手法之一，跌宕起伏的波浪，给服装增添了无限的层次感、流动感和体积感，加大了服装造型的设计空间。波浪领被广泛应用到各种领部的造型中，是女性钟爱的衣领造型之一。

（三）垂荡领造型的立体裁剪

垂荡领，又称考尔领、环领、垂褶领，是指领部据其领线自然下垂呈皱褶状而命名的。常见的垂荡领是指在胸前垂褶荡起的衣领，其借助了面料的垂荡性能。垂荡领造型轻盈飘逸、宽松自如，也是时尚女装常用的领部造型，因其造型与面料性能紧密相关，因此，立裁造型方法更能直观地达到所要的造型。

二、服装造型设计之衣袖的立体裁剪

衣袖袖型设计在设计创新方面起着举足轻重的作用，袖型除了与领型具有同样重要的审美特征外，更重要的是其机能性和活动性。由于袖子穿在身上随时都需要活动，因此，它的造型除了要有静态美外，更需要有动态美，即在活动中要有一种自由舒适的美感。袖型设计是表现服装流行美元素的一个重要的分部设计，它受领型设计的影响，依从于领型

---

① 姚莉萍. 面料艺术性在服装设计中的运用［J］. 天津纺织科技，2011（1）：40.
② 谢佳音. 立领的平面制版与立体裁剪技术研究［J］. 西部皮革，2022，44（20）：16.

设计，同时，袖子的流行元素变化也会对领型设计提出相应的要求。千变万化的袖型设计为上装设计提供了很大的创意空间。

衣袖是服装套在胳膊上的圆筒状部分，既有功能性，也有很强的装饰性。肩袖部是衣袖结构非常重要的部分，是解决人体和衣服关系的核心工艺。肩袖部可分成袖窿和袖山两部分，然后装接缝合而成。根据肩袖缝合的特点可将衣袖分成平装袖、插肩袖、连肩袖等袖型。按照外观特点可分为灯笼袖、喇叭袖、羊腿袖等。服装造型设计中衣袖立体裁剪造型具体内容如下：

（一）插肩袖造型的立体裁剪

插肩袖的袖窿较深，袖山一直连插围线，肩部甚至全被袖子覆盖，形成流展的结构线和宽松洒脱的风格。因为其袖窿较深，所以更适合自由宽博的服装。

（二）连身袖造型的立体裁剪

连身袖服装是指袖片与衣片连成一片的完整样板的服装，与衣片在一起的连身袖型结构设计一般分为前、后两片，分别从肩部到手臂构成完整的一片，没有袖窿，也没有像装袖那样的袖山和袖窿结构，其造型大方、结构简单，可以给服装带来较好的外观和较舒适的穿着感。从古至今，连身袖服装被广泛应用于服装各类款式中，如我国古代经典的汉服、传统旗袍，还有现代各类服装等。连身袖服装的造型和舒适度取决于衣身肩线范围。与袖中线的相交角度，相对而言，该角度越大，腋下和衣身松量可以越小，人体手臂活动范围可以越大；反之，则需要增加适当的松量来增加人体手臂活动范围。

（三）泡泡袖造型的立体裁剪

泡泡袖是指在袖山处抽碎褶，因为袖山处宽松而蓬起呈泡泡状的袖型，其特点是袖山要向上泡起来，缝接处有或多或少、或密或稀的褶。与羊腿袖类似，泡泡袖也是富于女性化特征的女装局部样式。泡泡袖与普通时装袖相比在技术操作上有些不同，其要点为：①肩宽要窄，一般用胸宽尺寸代替肩宽尺寸；②袖山要加高；③袖山头要加宽，加宽才有打褶的褶量。

（四）羊腿袖造型的立体裁剪

羊腿袖是一种从腕到肘贴紧手臂，从肘到肩呈膨起状的袖型，是欧洲 19 世纪浪漫主义风格服装的典型特征之一，也是 X 形廓型的重要构成元素之一。19 世纪 20 年代，欧洲

浪漫主义服装风行，出现了 X 形廓型，女装有饰带、花边、花结等复杂烦琐，整体风格日趋夸张和奢华。直到 19 世纪 30 年代，腰线恢复到自然位置，为了使腰部显得更细，袖子根部极度放大，甚至在袖根处会使用金属丝、鲸须做衬垫或是用羽毛做填充物，形成了羊腿袖。时至今日，羊腿袖仍被广泛应用在各类时装中。

三、服装造型设计之衣身的立体裁剪

（一）收省式衣身造型的立体裁剪

省道适用于合体型衣身的设计，本节以平行省道、交叉省道为例，说明收省衣身的立体裁剪过程。

第一，款式说明。省道在前中线左右两侧呈不对称分布，左侧省量收在右侧腰部，右侧省量收在左侧肩部。

第二，材料准备。准备大小合适的坯布，将撕好的布料烫平、整方，分别画出经、纬纱向线。

第三，操作过程及要求。

一是，固定前中线及右侧缝：取备料，保持经纬向线分别与前中线、胸围线一致，固定前中上、下点（固定点可以在前中标记带任一侧，上、下点一致）；将余量推至上部，公主线右侧腰围线以下打剪口，理顺腰部，腰围、胸围处均保留 1.5cm 松量，捋顺并固定侧缝上、下点。注意前中线与公主线间的腰部暂时不打剪口。

二是，固定右侧余量：袖隆保留 1cm 松量，摇顺肩部，将余量推至右领窝，固定肩端点、颈肩点；修剪侧缝、袖隆与肩线；取下前中固定针的右针，将余量推至前中线，保留右领口松量 0.3cm，原位置重新固定右针（于两针之间固定右片余量）；修剪右侧领口，注意少剪多修，避免剪缺。

三是，固定左侧余量：与右侧反之，左侧由上向下操作。将胸部余量轻推至腰部，捋顺胸部及肩部，固定颈肩点与肩端点；袖隆保留 1cm 松量，胸围保留 1.5cm 松量捋顺并固定侧缝；修剪侧缝、袖隆处余料（不修剪肩线）；腰围留 1.5cm 松量临时固定，取下前中下点左侧固定针，将余量集中于前中下点，原位置重新固定左针（于两针之间固定左片余量）。

四是，别左侧胸省：将下点右侧固定针取下，左侧余量推至右侧公主线后原位重新固定；保留腰围 1.5cm 松量，将余量在公主线位向上折进，理顺省边后折别固定，修剪腰部余料，打剪口。

五是，别右侧胸省：将上点左侧固定针取下，余量推至左领口后原位重新固定；取下左颈肩点固定针，留出领口 0.3cm 松量，所剩余量推至左肩公主线后重新固定，修剪领口并打剪口；将余量在公主线位向上折进，理顺省边后折别固定，修剪肩部余料。

六是，完成衣片：做轮廓线及省位标记，折净领口、袖隆及下，完成衣片整体造型，注意袖需要间距 2cm 打剪口。

七是，裁片：取下衣片，进行平面修正，得到的裁片，确认后拷贝纸样备用。

（二）交叉省道衣身造型的立体裁剪

第一，款式说明。左、右腰省在胸围线下呈"Y"字形交叉于前中线。

第二，材料准备。准备大小合适的坯布，将撕好的布料烫平、整方，分别画出经、纬纱向线。

第三，操作过程及要求。

一是，固定：取备料，V 字形双针固定前中线上、下点以及两侧胸点，胸点与前中线间应保留 0.5cm 松量，从上口沿前中线的经向线剪开至颈围线上 1.5cm 处。

二是，修剪：于领口处适量打剪口，使颈部的面料平服并保留 0.3cm 松量，保持胸上部平服并向肩端点方向推平面料，固定肩端点，修剪肩缝；袖隆及胸围线上保留 1cm 松量并固定于腋下，修剪袖隆，在侧缝处向下推平面料，固定侧缝下点，修剪侧缝，余量全部转移至腰围线上。在塑造右侧造型时，尤其在松量控制上要注意对称。

三是，定左侧腰省：拔掉固定前中线下点的针，将人台左侧腰部余量从侧缝开始从左至右推移，不平服的地方要打剪口，注意剪口方向为 45° 斜纱向，剪口深度为距离腰节线1cm，数量不宜太多，要保留腰部 1cm 松量。照此方法将余量全部推至右侧公主线处，将余量竖起并在左右无间隔固定，标记竖起余量的两侧与前中线的交叉点位置。

四是，剪开：沿余量的中折线剪开至超过前中线 3cm 处。

五是，定右侧腰省：拆掉人台固定左侧余量的针，将右侧余量按照对称的斜度向人台左侧固定，将余量在腰部进行推移的同时，打剪口要使腰部平服，将余量推移至前中线上有标记处，上下无间隔固定后标记点的位置。

六是，做右侧省：通过标记点将右侧余量以省道形式固定，省中线折向下，省尖点离开胸点 1.5cm。

七是，做左侧省：按照标记点将左侧余量按省道形式固定，省尖点同样离开胸点 1.5cm，使左、右两个省道呈"Y"字形相交于前中线上，修剪腰部多余面料。

八是，整体造型：折净腰围线后观察整体造型，满意后做轮廓线及省道位置的标记。

九是，裁片修正：从人台上取下衣片，进行平面修正，得到裁片，确认后拷贝纸样备用。

（三）分片式衣身造型的立体裁剪

分割线用于合体型衣身的设计，为结构性分割；分割线用于平面型衣身的设计，则为装饰性分割。下面以合体型衣身的纵向分割、多向分割为例，说明分片式衣身的立体裁剪过程。

1. 纵向分割衣身造型的立体裁剪

（1）款式说明。公主线分割是典型的纵向分割线，通称的公主线是在衣身的前、后片上，由肩缝中点经过胸点（肩胛点）到腰围线（下摆）位置的弧线分割形式，即人台前、后的公主线标记带位置。

（2）材料准备。准备大小合适的坯布，将撕好的布料烫平、整方，分别画出经、纬纱向线。

（3）操作过程及要求（以前公主线为例）。

第一，固定前片：取备料，经、纬向线分别对齐前中线与胸围线，固定前中线的上点、下点及胸点。

第二，修剪前片：修剪领口并打剪口，使颈部及肩部合体，固定颈肩点，在胸围、腰围及臀围线上留出 1cm 松量，固定公主线上点、胸点、下点；留 2cm 缝份，按照公主线修剪前片，并在胸围线及腰围线处打剪口。

第三，固定侧片：取备料，经、纬向线分别对齐胸宽线、胸围线，固定公主线一侧的上点、胸点、下点。

第四，修剪余料：袖隆处保留适当松量 1cm，固定肩端点；胸围、腰围及臀围线上分别留出 1cm 松量，固定侧缝的上、下点，留 2cm 缝份，依照公主线及侧缝线修剪多余面料。同样在胸围线及腰围线处打剪口。

第五，掐别公主线：前中片与侧片沿公主线掐别，注意观察各部位松量。

第六，折别公主线：整体效果满意后，折别公主线，缝份倒向前中片。

第七，完成衣片：做轮廓线及腰部对位点标记，折净下摆，完成前片公主线分割的设计。

第八，裁片：从人台上取下衣片，进行平面修正，得到裁片，确认后拷贝纸样备用。

2. 曲线分割衣身造型的立体裁剪

（1）款式说明。曲线分割衣身造型衣身合体，无领无袖，腰部横向打断，衣身有对称的曲线分割，并延伸至下摆处，分割线上有装饰条夹入，该装饰条在下摆分割线上有叠裥、在曲线处呈立体状态。

（2）材料准备。

第一，人台准备：分析款式图，在领口、曲线分割、腰部分割及底边处粘贴标记带，注意把握比例、位置以及线条走向。

第二，备料：分析款式，准备大小合适的坯布，将撕好的布料烫平、整方，分别画出经、纬纱向线。

（3）操作过程及要求。

第一，固定前上片：取备料，布面十字对齐前中线及胸围线，固定前中线的上、下点，临时固定侧缝，修剪领口，固定颈肩点。

第二，修剪轮廓：铺平肩线袖隆，胸围线留 1.5cm 松量，固定侧缝上点，向下推平，固定侧缝下点，修剪肩线、袖隆、侧缝。

第三，修剪分割线：按照标记位置修剪曲线分割处余量，注意松量的保留。

第四，固定前中片：取备料，布面十字对齐前中线及胸围线，固定前中线的上、下点，按照标记位置铺平、固定四周轮廓位置，胸、腰部保留少量松量。

第五，修剪前中片：按照标记位置修剪曲线分割处余量，并于轮廓线及关键点做标记。

第六，固定下摆大片：取备料，布面十字对齐前中线及腰围线，固定前中线的上、下点。

第七，打剪口：在下摆大片的腰部打剪口，保留适量松量后铺平，下摆略张开，固定侧面。

第八，修剪下摆大片：按照标记位置修剪下摆大片，并将轮廓线及关键点做标记。

第九，连接：按照上压下的方式折别连接前中片与下摆大片。

第十，固定下摆小片：取备料，在该区域取中保持经纱向，固定中线的上、下点。

第十一，修剪：按照标记位置修剪下摆小片，轮廓线及关键点做标记。

第十二，连接：按照上压下的方式折别连接前上片与下摆小片。

第十三，装饰条叠裥：取备料，将其对折后固定于前中片与下摆大片的侧面轮廓线处，由下至上，下方与底边处比齐，在下摆大片位置斜向叠，叠的大小与方向参照效果图而定，固定叠裥。

第十四，固定装饰条：依照前中片的轮廓线及标记位置继续固定上部装饰条至弧形转折处，要确保装饰条与下方衣片平整连接且外露宽度符合效果图要求。

第十五，修剪装饰条：由于过宽的装饰条无法完成转折的效果，所以需要在确定装饰条的宽度后进行修剪。

第十六，打剪口：由于修剪后的装饰条在连接衣片时会出现紧绷现象，所以需要打若干剪口以保证转折处圆滑。

第十七，修剪：修剪装饰条前中部分的长度余量，注意保持装饰条垂直于衣片，按照经纱方向修剪，便于此位置在成衣制作时连裁，不可将其压倒修剪。

第十八，连接完整：将前上片与下摆小片和装饰条位置处连接，在曲线转折处需要打剪口。

第十九，完成造型：折净底边，完成造型。全方位检查效果并做全标记。

第二十，裁片修正：从人台上取下衣片，进行平面修正，得到的裁片，确认后拷贝纸样备用。

（四）叠裥式衣身造型的立体裁剪

叠裥式设计在衣身上应用时，一般会多个组合应用。下面以腰省位顺向三裥衣片、肩位顺向交叉裥衣片为例，说明叠裥式衣身的立体裁剪过程。

1. 肩位交叉衣身造型的立体裁剪

（1）款式说明。肩位交叉上衣基本合体，基础圆领口，在左侧的肩部有左右交叉的三对裥，最下方一对裥指向左、右胸点，其余裥均为贯穿衣身的叠裥。

（2）材料准备。

第一，人台准备：贴标记带，按照款式图在人台肩部用标记带贴出交叉裥位置。

第二，备料：分析款式，准备大小合适的坯布，将撕好的布料烫平、整方，分别画出经、纬纱向线。

（3）操作过程及要求。

第一，固定布面：将布面十字对齐前中线与胸围线并固定前中线及两侧胸点，前中线上点固定在 A 裥与前中线的交点位置。

第二，临时固定 A、B 裥：腰部打剪口，剪口深度不超过腰围线，将两侧余量全部向上推移，右侧余量作为 A 裥量，左侧余量作为 B 裥量，临时固定 A 裥和 B 裥。

第三，A 裥打剪口：找到 A 裥与 B 裥的内层折叠相交的位置，在裥上打剪口，剪口需剪开整个裥的宽度。

第四，裥夹入、B 裥打剪口：打开裥，顺着剪口上方向竖直方向剪开坯布直到上端，此时裥可以夹入 B 裥中。

第五，交叉叠：同理，完成 B 裥与 C 裥的交叉，以及后续的交叉，直到完成裥。

第六，完成衣片：修剪侧缝，折净下摆、袖隆与领口，做轮廓线及各叠裥位标记，完成衣身造型。

第七，裁片：从人台上取下衣片，进行平面修正，得到的裁片，确认后拷贝纸样备用。

2. 单侧腰省位叠裥衣身造型的立体裁剪

（1）款式说明。单侧腰省位叠裥衣身合体，呈不对称造型，左侧衣片收腰省，右侧衣片至左省位，均匀叠出三个顺向裥夹入左省位，V 型低领口左右对称。

（2）材料准备。准备大小合适的坯布，将撕好的布料烫平、整方，分别画出经、纬纱向线。

（3）操作过程及要求。

第一，贴标记带：根据款式图，在人台上贴出领口及袖隆标记线，粘贴标记带时要注意左右对称，线条顺畅。

第二，固定左前片：取备料，经、纬向线分别与人台标记线对齐，固定领深点、前中线下点、胸点，胸点与前中线间应保留 0.5cm 松量。

第三，修剪左前片：在胸上部铺平布料后修剪领口，固定颈肩点与肩端点；修剪肩缝，袖隆保留 1cm 松量，胸围线上胸点至侧缝间保留 1cm 松量，固定腋下点，修剪袖隆。注意沿胸围线共留出约1.5cm松量。

第四，集中省量：此时可以观察到布料上的胸围辅助线向下偏移，说明胸上部由于胸凸引起的余量已经转移至腰部，在侧缝处向下平铺布料，固定侧缝下点。全部省量集中在腰围线处。

第五，确定省量及省位：省位定在公主线处，从侧缝处开始将腰部余量推至前中处，同时打剪口保持布面平服，在公主线处用双针固定，在腰围线上公主线与侧缝间留出约 0.5cm松量。

第六，修剪省边：用同样方法从前中向侧面推移余量，公主线与前中线在腰围线处的松量也为 0.5cm，在公主线处固定，从而达到了省道的左右无间隔固定，确定省量后，从省中线剪开至右侧衣片上口线以上 2cm 处。

第七，别省：将省中线倒向侧缝，在公主线上用压别法别合省缝，省尖点在胸点下1.5cm处，左前片完成。

第八，制作右前片：将左前片拆开，制作右前片，操作方法与左前片基本相同。取备料，对齐辅助线固定衣片，将胸上部余量转移到腰部，从右侧缝线向前中处推平布料，同时，打剪口保持布料平服；拔掉固定前中线下点的针，在腰部保留 1cm 松量后，重新固定前中线下点，这样余量将集中在前中线处；继续在腰部推平布料至左侧公主线处，保留 0.5cm 松量后固定；在右侧领口处铺平布料，在左侧公主线上固定领口止点。余量集中在左侧公主线上，粗略修剪各处余料。

第九，均分余量：将余量平均分成三份，分别向上折叠，在公主线处压别固定，注意间距要尽量均匀。

第十，修剪：叠固定好后，再次检查各部位，领口不能有浮起，袖隆及腰部松量要保留，检查完成后保留 2cm 缝份，再次修剪右前片余料。

第十一，固定腰省：重新固定左前片，打开左侧省缝，将右前片各裥夹人左前片省缝中再次固定。

第十二，完成后片：后片的制作方法与原型后片相同，取备料，按照标记线将袖隆及领口修剪后即可。

第十三，完成造型：前压后别合肩缝、侧缝，折回下摆及领口贴边，完成造型。全方位检查效果并做全标记。

第十四，裁片修正：从人台上取下衣片，进行平面修正，得到的裁片，确认后拷贝纸样备用。

四、服装造型设计之衣裙的立体裁剪

(一) 连衣裙的立体裁剪

连衣裙是一种上衣与裙子相连的服装，可单独穿用，也可以与其他服装搭配穿着。连衣裙的设计实际上是上衣与裙子的综合设计，领、袖、衣身、裙子等局部设计，均可参照上衣与裙子的局部设计进行。

1. 收省式连衣裙的立体裁剪

腰部无分割的合体式连衣裙，可以通过收胸省及腰省实现造型。下面以旗袍为例，说明收省式连衣裙的立体裁剪过程。

(1) 款式说明。旗袍造型合体，长及小腿。下落的圆角高立领，露半肩；前身弧线分割，右侧开门禁至臀围，前中有胆形镂空，左右对称收腰；后身左右各收两个腰省，两侧开衩至臀膝之间。

(2) 操作过程及要求。

第一，制作前片。

一是，前中片掐别腰省：取备料 A，经、纬纱线分别对齐前中线与胸围线标记，固定前中线上、下点，注意纵向留足吸腰量；胸围留 2cm 松量，臀围留 1.5cm 松量，固定右侧缝；在公主线位掐别腰省，保留腰围松量 1.5cm。注意省位的选择，否则会影响整体收腰的感觉，可以在公主线区域调整并观察造型效果，培养造型感觉。

二是，别合胸省：粗剪领口，固定肩线，取下侧缝上点固定针，袖留 1cm 松量，将余量推至腋下，重新固定侧缝上点；侧缝处余量即为胸省量，沿标记向上折进别合胸省；腰省中部打多个斜剪口后折别；留 2cm 修剪侧缝与门禁，侧缝腰部打剪口，门禁前中胆形镂空沿标记带做记号，将来取下裙片后左右双折修剪，确保对称。

三是，固定前侧片：取备料 C，经纱线对齐前中线，上口比齐人台顶部，依次固定前中线上下点、颈肩点（修剪领口留 0.3cm 松量）、肩端点；袖隆留出 1cm 松量，固定侧缝上点，余量推至腰位，固定侧缝下点；留 2cm 修剪袖隆、肩线与侧缝。

四是，完成前侧片：与前中片错开的位置别合腰省，先用针别出内口弧线，然后留 2cm 修剪余料，完成前侧片；做全标记，取下前中片，对称裁出左半部分，别合省道。

第二，制作后片。

一是，掐别后省：取备料，经、纬纱线分别对齐后中线与肩脚线标记，纵向留足吸腰量固定后中各点；左右胸围松量各 2cm，臀围松量各 1.5cm，固定右侧缝；领口留 0.3cm 松量，固定颈肩点，肩部余量推至袖隆作为松量，固定肩端点；公主线处掐第一省，背宽线内侧 1cm 处掐第二省（以右侧为标准），两省中间位保持经纱向，腰围松量左右各 1.5cm。

二是，完成后片：腰部省缝打剪口，折进别合；修剪四周余量，完成后片。

第三，衣片成型。右侧裙片分别做轮廓线及对位点标记，注意前右侧片上需要做门禁造型的标记；将裙片取下，对称裁出前、后片的左半部分（前片剪出胆形镂空），拷贝各省标记，取备料。拷贝制作左侧片，左侧片下口比右侧片门禁标记平行下落 5cm 裁剪；别好各片的省道，别合门襟、肩缝与侧缝，折净底边与袖隆，完成衣身部分。注意侧缝别合至人台底部，以下留出开衩。

第四，制作领片。

一是，别合立领：取备料，参考下落型立领的制作方法固定装领线，根据款式别出前领止口形状。

二是，完成立领：修剪领止口，做装领线、止口线与颈侧对位点的标记后取下，对称裁出左领部分；折别装领线，折净领止口，完成立领。

第五，整体造型。完成整体造型，进行全方位检查，确认效果满意后，做轮廓线、对位点、定位点的标记。

第六，裁片修正。从人台上将全部衣片取下，各结构线进行调整，得到的裁片，确认后拷贝纸样备用。

2. 横向分割式连衣裙的立体裁剪

合体式连衣裙，在腰位横向分割后，胸省也可以一并收在腰部，方便操作。下面以抹胸连衣裙为例，说明横向分割式连衣裙的立体裁剪过程。

（1）款式说明。抹胸连衣裙为 X 造型，腰围线处横向分割，裙长及膝。内裙合体，低落的横领口，前中略有凹进；腰部收省，下部裙装前后左右各收两省，右侧缝开口装拉链；前身外加装饰，上身有两条从胸部到腰中区的弧形裥，左右对称呈桃心造型；下部腰口左右对称折叠较大量的环形裥，形成夸张的造型，下摆短于内裙，装饰部分由腰带与内裙固定。

（2）材料准备。

第一，人台准备：按照款式要求，在人台上贴出内裙上口的标记带。

第二，备料：分析款式，准备大小合适的坯布，将撕好的布料烫平、整方，分别画出经、纬纱向线。其中两片布料需要全粘非织造黏合衬。

（3）操作过程及要求。

第一，制作内裙。

一是，固定前片：取备料，画好的经纱线对齐胸围标记线，纬纱线对齐前中标记线，固定上部中点及两侧，捋顺中线，固定前中腰部；胸围不留松量，从两侧由上而下将余量全部推至腰部，固定侧缝下点。

二是，修剪前片：左、右腰部各留 1.5cm 松量，折别腰省；四周留 2cm 缝份修剪。

三是，固定后片：取备料，纬纱线比齐后中标记线，理顺布料，固定后中上、下点；上口不留松量，理顺后固定两侧缝上点；腰围线以下打剪口，左、右腰部各留 1.5cm 松量，理顺布料，固定两侧缝下点。

四是，修剪后片：四周留 2cm 缝份修剪余料。

五是，完成内裙：取备料，参考裙原型的操作方法完成下部内裙，上压下折别固定腰口处，折净并固定上口及下摆，完成内裙。

第二，制作衣身装饰。

一是，贴标记线：在内裙上贴出弧形裥的标记线。注意弧线走向，要考虑到左右对称后的完整效果。

二是，固定衣片：取备料，画线比齐前中标记线，固定上、下点；第一裥上口处折叠约6cm临时固定，注意留出上口，折转上口形成空间的纵向余量。

三是，固定第一裥：沿标记线理顺第一裥，下点约折叠4cm固定，观察裙裥的外观效果，必要时，可以调整上下点的折叠量及固定位置；裙裥效果满意后，在其外侧中区与内裙临时固定，避免折第二裥时影响其效果。

四是，固定第二裥：第二裥上口处折叠约8cm临时固定，同样注意留出折转止口形成空间的纵向余量；沿标记线理顺裙裥，下点约折叠4cm固定，观察裙裥的外观效果，必要时也可以调整上下点的折叠量及固定位置；确认裙裥效果后，胸围不留松量，腰围留2cm松量，分别固定侧缝上、下点。

（5）完成衣身装饰：将腰口缝份打剪口，四周留3cm修剪余料；折净前中及上口，注意保留裙裥上口的折转空间，感觉折转效果不满意时，可以微调折叠量或固定点。

第三，制作裙身装饰。

一是，固定裙片前中：取备料，平铺于左侧裙身，上口超出腰围线大约5cm，画线比齐前中标记线，固定上点。

二是，固定侧缝：将备料沿前中线翻转至右侧，臀围留出约15cm松量，侧缝余料向内折转，在腰部固定，与内裙间形成一定的空间。

三是，固定环形裥：在腰口中区相对折叠余量并固定，形成环形裥。

四是，完成装饰：腰口与上身搭别固定（下压上），下摆折进4cm固定，完成前身装饰。

第四，裁片。做好整个连衣裙所有的关键点标记，从人台上取下裙片，调整各结构线，得到内裙裁片（以右侧为准）、前身装饰裁片并拷贝纸样备用。

第五，整体造型。取备料，对称裁剪左侧装饰并别合，加入5cm宽腰带（右侧缝开口），完成整体造型，注意前中拼合，左右不连接。

3. 多向分割式连衣裙的立体裁剪

多向分割合体式连衣裙，其中有的分割线是收腰造型所需，有的是款式装饰效果所需。下面以花式袖连衣裙为例，说明多向分割式连衣裙的立体裁剪过程。

（1）款式说明。多向分割合体式连衣裙为X造型，裙长过膝，左右对称。前中片连腰设计，与前侧片通过刀背线分割；后中分割缩拉链，后身同样为刀背分割；裙身前侧区直到后中有五个顺向裥；加大的圆领口；花式短袖，带袖克夫，袖身宽松。

（2）材料准备。

第一，人台准备：按照款式的特征，在人台上贴标记带，明确领口、袖隆、分割线、腰围线以及裥的位置。

第二，备料：分析款式，准备大小合适的坯布，将撕好的布料烫平、整方，分别画出经、纬纱向线。

（3）操作过程及要求。

第一，制作前中片。

一是，固定前片：取备料，对好标记线后固定前中线上、下点与胸点，胸点与前中线间保留少量松量。

二是，修剪领口与肩线：铺平胸上部，按照标记线位置修剪领口，固定肩线并修剪肩部余料。

三是，修剪上段袖隆：修剪刀背分割线以上部分的袖隆，保留少量的松量。

四是，修剪刀背线：固定刀背线与腰部分割线的交点，在前片的腰围处保留 0.5cm 松量，沿刀背线修剪衣片至腰部分割线上 2cm 处。

五是，横向剪开：沿腰部分割线，向侧缝方向横向剪开 10cm。

六是，叠裥：首先，在腰部横向剪开一定量的布料，然后将其向前中方向叠起。接着，将折边位置与刀背线对齐，最后根据下摆的需求调整裥的大小。

七是，叠第二裥：继续沿腰部分割线修剪，边修剪边叠出第二裥。

八是，依次叠裥：继续横向修剪，在腰部分割标定的位置依次叠裥到后中共五个。调整腰部各裥的大小和提拉高度，使下摆波浪均匀。

九是，标记裙底边：用标记线贴出后中线和底边位置，后中保持竖直，底边尽量水平，可从多个角度多次观察。

十是，折净裙底边：按照标记位置修剪裙底边，折净后观察裙摆造型。裥的位置及大小尽量均匀，方向垂直于腰围线及底边，裙摆张开角度适当。

第二，制作前侧片。

一是，固定前侧片：取备料制作前侧片，坯布标记线对齐胸围线，保留 1.5cm 松量，固定上点，纵向保持竖直、固定，腰围留 1cm 松量，固定下点。

二是，修剪：在袖隆、胸围及腰围线上预留部分松量，固定四周，并修剪轮廓线。

三是，折别刀背线：折净侧片刀背缝份，压住前中片的缝份折别连接固定。

第三，制作后片。

一是，固定后中片：取后中片备料，纵向对齐后中线，固定上点。腰口后中偏出 1.5cm，固定下点。横向比齐肩脚线，留 1cm 松量并固定。

二是，修剪：袖隆上段留 0.7cm 松量，固定肩端点。摇顺肩线，固定领口点，修剪袖隆、肩线、后领口。

三是，固定腰部松量：腰部分割处水平掐取 0.5~1cm 松量，固定后刀背处。注意此时胸围线处也有部分松量，不能完全推平，可暂时用针固定松量。

四是，修剪刀背线：按照标记位置修剪后刀背线。

五是，制作后侧片：取后侧片备料，制作方法同前侧片。

六是，连接衣片：连接后侧片与后中片（后刀背），在侧缝处连接后侧片与前侧片（侧缝）。

七是，连接腰围线：将前侧片、后中片、后侧片在腰部分割处与裙片连接，连接时，要考虑腰部松量，连接平整后即形成完整的连衣裙造型，全方位观察，比对效果图并进行局部调整。

第四，制作袖片。

一是，固定袖片：取袖片备料，中线对齐肩线，留 2cm 缝份固定肩的端点。

二是，袖山顶点叠裥：在袖山顶点附近，前后分别叠，两裥相对并以一定角度对称在中线的两侧。

三是，整理环形裥：在前、后腋点处垂直向上拎布，并横向叠裥，在手臂外围形成环形裥，袖口呈回收趋势，用标记带贴出袖山弧线。

四是，打剪口：沿袖隆弧线修剪袖山头，剪至前、后裥的最深处，拆开袖片，露出反面的裥，沿袖隆修剪。

五是，拉开纵向裥量：放下袖片，在设定的袖口裥位打剪口，用于提拉纵向裥量。

六是，掐出纵向裥：在布面上，掐出纵向裥所需要的深度，并平铺于肩头。

七是，制作前侧纵向裥：与后侧纵向裥的制作方法相同，制作前侧纵向裥。

八是，连接前后裥：修剪前后肩部多余布料，对合前后肩部的裥。

九是，修剪袖山：在前、后腋点处斜向打剪口，沿袖隆修剪袖山线，修剪下端余量，卷回袖筒。

十是，标记袖口：用标记带贴出袖口位置。

十一是，修剪袖口：折别固定袖山和袖隆，沿标记带修剪袖口。

十二是，连接袖克夫：取备料 F 制作袖克夫，袖口少量收缩，和袖克夫别合，袖克夫宽 2.5cm。

第五，完成造型。打剪口，折净领口，完成该款连衣裙的完整造型。进行全方位检查，效果满意后，做出轮廓线、对位点标记。

第六，修正裁片。从人台上取下裙片，调整各结构线，得到平面裁片，确认后拷贝纸样备用。

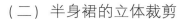

（二）半身裙的立体裁剪

半身裙是指所有穿着在下半身的裙装，具造型变化丰富，与不同上装搭配后风格多变。忽略色彩及面料的变化，单从款式设计角度来看，设计半身裙时，可以从以下角度去构思，款式设计完成后还可以加入一些装饰元素。

1．下丰满型半身裙的立体裁剪

下丰满型半身裙，采用下放式的立体造型方法，使下摆出现多余量，一方面满足人体正常活动的需求；另一方面形成波浪造型。立体裁剪操作时，要根据下摆丰满度的需求，控制腰部的下放量。半紧身裙的下摆丰满度最小，以满足迈步的需求为主；圆裙下摆的丰满度则比较大，形成多个有深度的波浪，本节以这两个款式为例，详细说明这类裙型的立体裁剪过程。

（1）半紧身裙。

第一，款式说明。半紧身款裙装的腰部到臀部合体，前后左右各有一个腰省，装腰头，裙长过膝，下摆自然散开。

第二，材料准备。准备大小合适的坯布，将撕好的布料烫平、整方，分别画出经、纬纱向线。

第三，操作过程及要求（表5-1）。

表5-1　操作过程及要求

操作过程	要求
固定前片	取备料，水平线对齐臀围线，经向线对齐前中线，固定前中上、下点
确定下摆张开角度	腰部打剪口，将腰部余料顺势向下推，使下摆张开至合适角度
确定侧缝	观察下摆造型，并确认臀围松量，固定臀围侧缝点。向上捋顺侧缝，固定侧缝上点，腰部打剪口
完成前片	修剪侧缝、腰口，确定省道位置及大小、指向等参数，折别腰省，完成前片
连接侧缝	先临时搭别侧缝，用标记带贴出侧缝位置，修剪缝份后，按标记位置折别连接前后裙片
连接腰头、标记底边	取备料，制作腰头并连接在腰口处，贴出水平底边位置
完成造型	修剪底边并折净，完成半紧身裙造型。全方位观察，要求下摆略张开，造型自然。确认效果满意后，做轮廓线及腰头对位点标记
裁片	从人台上取下裙片，进行平面修正，得到的裁片确认后拷贝纸样备用

（2）圆裙。

第一，款式说明。圆款裙装腰部合体，裙长过膝，下摆自然呈波浪状。

第二，材料准备。准备大小合适的坯布，将撕好的布料烫平、整方，分别画出经、纬纱向线。

（3）操作过程及要求（表5-2）。

表5-2　操作过程及要求

操作过程	要求
固定前片	取备料，腰围线以上留15cm，经向线对齐前中线，固定前中线上、下点
做第一波浪	沿腰围线以上3cm处，水平剪开至前中线内3cm处，打斜剪口至距腰围线1cm处；腰口下落，整理下摆，做出第一波浪，臀围处约5cm褶量
完成前片	向侧上方向继续弧线剪进（少剪多修，避免剪缺），间距约3cm依次打斜剪口，下落腰口，完成第二、三、四个波浪，注意在臀围线上把握褶量，尽可能保持均匀，侧缝处留一半褶量
别合前、后片	取备料，用相同的方法与要求完成后片，并别合侧缝，完成"手帕裙"造型
修剪底边	根据款式，与地面等距离别针做裙长标记，拉展下摆，留3cm贴边圆顺修剪
完成造型	取备料，制作并固定腰头；折净底边，完成圆裙款式。全方位观察，要求下摆波浪均匀，造型自然。确认效果满意后，做轮廓线及腰头对位点标记
裁片修正	从人台上取下衣片，进行平面修正，得到的裁片确认后拷贝纸样备用

第四，拓展设计。以半紧身裙作为衬裙，将圆裙下摆抽缩后固定在半紧身裙的底边处，则实现灯笼裙的设计。

2. 上丰满型半身裙的立体裁剪

上丰满型半身裙，采用上提式的立体造型方法，使腰臀部出现多余量，满足造型需要。立体裁剪操作时，根据腰臀部丰满度的需求，控制腰部的上提量。

（1）褶裥裹裙。

第一，款式说明。褶裥裹款裙装后身与两侧的造型合体，前身上部左右不对称，互相重叠至前公主线位。左前片与原型基本相同，右前片在前中线偏左腰位连续叠三个顺向斜线裥，使腹部出现松量，腰口多余宽度由门襟处自然下垂成波浪状，前裙片下摆呈弧线状，左右对称。

第二，材料准备。一是，人台准备：根据款式要求，在人台右侧，贴出三个斜向褶裥的位置，注意各裥间距及折边线的走向。二是，备料：分析款式，准备大小合适的坯布，将撕好的布料烫平、整方，分别画出经、纬纱向线。

118

第三，操作过程及要求（表5-3）。

表5-3　操作过程及要求

操作过程	要求
固定右片	取备料，保持经纱线与前中线一致，固定前中线上、下点；保持纬纱线与臀围线一致，留出0.5cm松量，固定右侧臀位
叠第一个裥	沿标记线向侧缝叠第一个裥，腰口叠进约6cm，理顺折叠线，横别固定腰口
完成各裥	根据标记依次叠出第二、第三个裥，裥量递减1~2cm，理顺折叠线并固定腰口；腰口留出1.5cm缝份，清剪余料。注意，操作时需要在上口各裥之间打剪口
修剪下摆	根据效果图，在裙片上贴出下摆造型线，留出2cm贴边，清剪余料；顺势剪出门襟造型，整条弧线要求圆顺
完成右前片	在左侧公主线处固定腰口，腰部宽出量自然垂下叠成波浪状；留出1.5cm缝份，清剪侧缝余料。注意，臀围线以下保持竖直线
固定左片	取备料，保持经纱线与前中线一致，固定前中线上、下点；保持纬纱线与臀围线一致，留出0.5cm松量，固定左侧臀位
别腰省	理顺腰部松量，在适当位置掐出腰省；腰部打剪口，折别腰省
完成前片	将左、右片正常叠合，根据右片造型，在左片上对称贴出下摆造型线，要求整条弧线圆顺；留出2cm贴边，清剪下摆余料；留出1.5cm缝份，清剪侧缝余料。注意，臀围线以下保持竖直线
完成后片	取备料，参考原型裙后片的操作方法，收腰省完成后片
别合侧缝	顺直别合左、右侧缝，圆顺、折净下摆及门里襟贴边
装腰头	取备料，扣烫好腰头，与裙片腰口别合。注意，从左片里襟位开始装起
完成褶裥裹裙	全方位观察造型，确认效果满意后，在关键点、对位点及轮廓做标记
裁片修正	从人台上将裙片取下，各结构线进行调整，得到完整的裁片，确认后拷贝纸样备用

（2）辐射裥裙。

第一，款式说明。辐射裥款裙装裙长及膝，另装窄腰头，前片腰部收弧形省，省与侧缝间有横向袋口，袋口下有三个辐射裥；后片左右各收两个腰省，后中腰口处装拉链，下摆开衩。

第二，材料准备。

一是，人台准备：按照款式要求，在人台上贴出弧形省、辐射裥及袋口的标记。注意，第三裥距离省尖需要5cm左右。

二是，备料：分析款式，准备大小合适的坯布，将撕好的布料烫平、整方，分别画出经、纬纱向线。

第三，操作过程及要求（表5-4）。

表5-4　操作过程及要求

操作过程	要求
固定前片	取备料，经、纬纱线分别对齐前中线与臀围线，固定前中线，臀围留1.5cm松量，固定侧缝
折第三个裥	固定腰口处省位，剪开弧形省至距省尖2cm处，注意上端省缝留1cm、下端省缝只留0.5cm；沿最下面一个裥的标记线向上折，折进6cm，理顺明折边，横别固定
完成褶裥	根据标记依次折出上面两个裥，裥量递减1.5cm，理顺明折边，折口处横别固定上口；沿标记线修剪并折净袋口
别合腰省	修剪省位余料，别合弧形省下半部分
固定袋口侧片	取备料，经纱线对齐前宽标记带，固定袋口侧片，袋宽取13cm、袋深取18cm，修剪余料别合侧片；翻下前片，对齐标记，固定袋口，别合弧形省上半部分。注意保持省线顺直
完成后片	取备料，参考原型裙的操作方法，收腰省完成后片
整体造型	取备料制作腰头，折净底边，完成整体造型，进行全方位观察，确认效果满意后，于关键点、对位点及轮廓做标记
裁片修正	从人台上将裙片取下，各结构线进行调整，得到完整裁片，确认后拷贝纸样备用

第三节　服装造型设计的实际运用

一、服装造型设计中的三角形结构运用

三角形结构是指在面料上任取不在一条直线上的三点，重叠三点所形成的立体造型结构。在面料上确定不在一条直线上的 A、B、C 三点位置，将三个点重叠在一起，所形成的立体造型结构，中心由任意线形表达的立体空间感一步步塑形成具有一定线形美感的立体造型。三角形结构，由中心立体点向外引出三道线条，具有简洁的立体造型感。由于三点所组成的三角形的形态不同，三角形组合方式的不同，所形成的立体造型结构也会不同。

（一）三角形结构的基本变化方法

1. 三点距离间的变化

三点位置关系一致，三点之间的距离的变化塑造不同立体感的结构造型。以等边直角三角形为例，在服装的面料上确定三角形直角边为 4cm 的三点，重叠三点 A、B、C，堆砌的余量通过塑形所形成的结构，由中心立体点引出的简洁线形，中心点立体高度约为三角形斜边的一半。将直角三角形的直角边扩大为 6cm，在面料上确定三角形的三点，重叠三点所形成的结构，随着三点之间距离增大，堆砌的余量增加，三角形结构的立体高度增加。对比不同三点距离所形成的三角形结构，共同点是相同的线形感，由立体点引出的三条线形呈现相同的走势；不同点是三点距离越大，折叠的量越多，立体高度随之增加，三角形结构的起伏更明显，反之，三点距离越小，结构的起伏更缓和。

2. 三点位置间的变化

三点位置的变化形成不同的三角形形态，三角形形态不同，所形成的三角形结构造型形态也不同。对比分析由于三角形三点位置不同所形成的两种三角形结构的区别：①结构的线形发生变化，钝角三角形结构，相比于锐角三角形结构，开口的"V"线形更加聚拢；②结构的中心立体感也不同，锐角三角形结构的中心立体更为集中，立体感更强。因此，不同的三点位置，形成不同的三角形结构造型形态。

（二）三角形结构构成方法与造型特征

构成是将两个以上的单元形象重新组合为一个新的单元形象。一个三角形，由于三点距离和位置的不同，形成不同的三角形结构造型。通过将构成方法与结构设计结合起来，依据"一加 1 等于十"的设计理论，以等边直角三角形为基本形，通过多个三角形的不同构成方法，研究三角形的不同构成方法对三角形结构的影响。不同三角形构成方法下的三角形结构造型特征及变化规律，具体内容如下：

1. 对称结构构成方法与造型特征

（1）三角形相接对称构成方法形成单个均衡的立体结构。三角形相接对称是指两个或多个三角形组合，所形成的图形有点或者线的重叠，并且图形两边的各部分在大小、形状和排列上具有逐一对应的关系。相接对称按对称形式的不同，可以分为相接轴对称和相接旋转对称两种。

第一，三角形相接轴对称是指两个或是多个三角形组合，有点或者线的重叠，所形成的图形沿某直线折叠后直线两旁的部分互相重合。以两个相同大小的基本形为例，通过对结构的进一步塑形，所形成的三角形相接轴对称结构的造型特征为余量堆砌集中在一个点，塑造单个点的立体造型，由单个立体点延伸出左右对称的简洁线形。

第二，三角形相接旋转对称是指两个或多个三角形组合所形成的图形，环绕某一定点旋转360°后和原图形重合。以两个相同大小的基本形为例，将两个基本形旋转排列，所形成的三角形相接旋转对称结构为简洁均衡的立体结构，由一个立体点引出四道均衡排列的线形。

总而言之，三角形相接对称结构的基本特征是单个均衡的立体造型结构，由一个立体点引出对称的线形。由于相接对称的三角形数量和大小的变化，三角形结构的造型形态也会发生相应的变化。三角形大小不变，随着相接对称的三角形数量增加，三角形相接对称结构的立体层次更丰富，线条组成的空间感越强。在三角形相接旋转对称结构中，增加旋转对称的三角形数量，三角形相接旋转结构线形层次更丰富，结构中心更加立体。相接对称的三角形大小变化，影响三角形相接对称结构。同比例增大基本形，所形成的三角形相接对称结构的立体高度增加，立体感越强。反之，立体感就越弱。相接对称的部分三角形增大，三角形相接对称结构的立体高度增加，线形发生变化。

（2）三角形相离对称构成方法形成两个对称的立体结构。三角形相离对称是指两个或多个三角形组合没有重叠，并且图形两边的各部分在大小、形状和排列上具有逐一对应的关系。以两个相同大小的基本形为例，所形成的三角形结构为两个立体点引出对称的线形，本形数量越多，线形层次越丰富，所形成的三角形相离结构为对称的立体结构造型，两个立体点所引出简洁的线条，上下起伏的线形呈左右对称分布。以三个基本形相接轴对称为单元，两个单元相离对称，以三角形斜边长度为相离距离，依次重叠三角形的三个端点，所形成的三角形结构为两个立体点引出丰富的线条，线形层次丰富，堆砌的余量增加，对称的线形层次更加丰富，结构的立体空间感更强。

2. 位移结构构成方法与造型特征

三角形错位位移构成方法形成不规则的扭曲造型。三角形错位位移是指对称图形中，一个图形沿着另一图形的线条方向，在线段内进行旋转移动。以两个相同大小的基本形为例，三角形 ABC 中斜边 BC 与另一三角形 abc 中斜边 bc 垂直排列，点 c 在线段 BC 上，重叠三角形的三个端点 A、B、C 和端点 a、b、c，所形成的三角形错位位移结构的造型特征为不规则的扭曲肌纹感。

三角形平行位移是指对称图形中，一个图形沿着另一图形的线条方向，在线段内进行上下或左右平行移动。以两个相同大小的基本形为例，三角形 ABC 中斜边 BC，与另一三角形 abc 中斜边 ac 部分重合，重叠三角形的三个端点 A、B、C 和端点 a、b、c，所形成的三角形平行位移结构的造型特征为规则的扭曲肌纹感。

三角形大小不变，随着三角形平行位移的单元数量增加，三角形结构造型形态发生变化。例如，四个单元平行位移，依次重叠三角形端点，所形成的结构为中心扭曲的规则造型，中心呈正方形，交叉扭曲没入，由中心向外扩散为四道线形。单元内三角形数量增加，三角形结构造型形态发生变化。两个三角形相接旋转排列形成一个单元，二个位移单元平行位移，依次重叠三角形端点，所形成的结构为中心扭曲的规则造型，由中心向外扭曲出六道均衡的线形。

3. 群组结构构成方法与造型特征

（1）三角形规则群组构成方法塑造规则的密集肌理。三角形规则群组是指将三个或是三个以上的单元形，按照一定的规律加以密集，形成集群的视觉效果。三角形结构的规则群组主要包括重复群组、渐变群组和发射群组。三角形规则群组结构的主要造型特征是多个立体点连接所形成的立体线形，通过群组的形式不同，表现出强烈的秩序感。

三角形重复群组是指以一个基本单形为主体，在基本格式内重复排列，排列时可作方向、位置变化，具有很强的形式美感。三角形重复群组结构的主要造型特征是相同大小的规则秩序感。以三个三角形水平相离排列为例，三个三角形相距距离为斜边的长度，依次重叠三角形端点，所形成的结构为规则的立体线形，由三个立体点引出的线形上下相接，形成简洁的线形感。

群组单元内的三角形数量增加，三角形结构的造型形态发生变化，线形更加丰富。以两个基本形斜边相接对称排列为单元形，四个单元形相离水平排列，相距距离为一个直角边的长度，依次重叠三角形的三个端点，所形成的三角形结构为上下起伏的立体线形。四个立体点引出的对称线形，相比于一个三角形为单元形的群组三角形结构，两个三角形为单元所形成的结构立体线形感更强，线条层次也更加丰富。

群组单元排列方式变化，三角形结构的造型形态发生变化。以两个基本形斜边相接对称排列为单元形，四个单元形水平位移排列，依次重叠三角形的三个端点，所形成的三角形结构为扭曲的立体线形，三角形结构是交叉扭曲的规则线形，具有强烈的肌纹特征。

三角形渐变群组构成方法是指把基本单形按大小、方向、虚实、色彩等关系进行渐变排列的构成形式。三角形渐变群组结构的主要造型特征是渐变的节奏感。以两个三角形斜边相接对称所形成的正方形为渐变单元，通过基本形大小的比例变化，将单元由小到大依次排列，依次重叠三角形端点，所形成的结构为三个立体点由左往右逐渐变大，形成渐变的立体线形，具有强烈的节奏感。

三角形发射群组结构的主要造型特征是较强的动感及节奏感。以两个三角形斜边相接对称后，所形成的正方形为发射单元，单元距离为三角形直角边的长度，由中心点向四周发射排列，依次重叠三角形的三个端点，所形成的三角形发射群组结构是立体的弧线造型，由内向外线形由紧凑逐渐发散。

（2）三角形不规则群组构成方法塑造不规则的密集肌理。三角形不规则群组是指将三个或三个以上的单元形，没有秩序或不按既定规律的构成方式。三角形结构的不规则群组构成方法主要包括密集群组、对比群组和变异群组构成方法。三角形不规则群组构成方法所形成的结构具有不规则的密集肌理效果。以对比群组构成方法为例，将两个基本形斜边相接，轴对称形成的正方形为单元，对单元形排列上规律性的打破，将单元形减少，并改变相距的距离，依次重叠单元形内三角形的三个端点，形成不规则的密集肌理效果。不规则群组所形成的三角形结构往往突破规律性的统一单调感觉，呈现无规则的造型形态。

（三）三角形结构下服装造型形态设计

第一，自然形态下的服装造型特征。三角形结构自然形态是指三角形三点重叠后，不经任何后加工处理所形成结构，自然形态之下的三角形结构，其造型特征主要包括容量感和起伏的线形感。

第二，二次塑形下的服装造型特征。三角形结构二次塑形是指三角形三点重叠后，经过手工处理，如有意识的塑造线形以及高温熨烫之后所形成的结构。相比于自然形态下的三角形结构，塑形后的三角形结构线形更加硬挺，由立体中心引出的三条线形规则排列。二次塑形之下三角形结构，其造型特征主要包括容量感、起伏的线形感和塑形的线形感。

（四）三角形结构在服装设计中的运用

服装中三角形结构产生的原因主要是：为了可以对服装的基本结构造型进行再改造，通过三角形结构的运用可以改变基本款式的整体造型和局部的造型，现代服装设计的理念要以人体为设计的根本，但是需要超越形体的限制。

从消费者的角度来看，随着时代的发展与社会的进步，人们的审美取向不仅仅限于基本原型的服装，需要有更多的创新造型来吸引消费者眼球；从设计师的角度来看，从服装模式来设计服装是最简便、最直接的角度，设计师往往有先入为主的观点，想象力和创造力难以充分发挥，创意空间必然狭窄，将服装孤立起来做设计，往往难以顾及服装与人体、与空间、与环境等相关事物之间的联系，创造的结构也往往流于平庸，没有亮点。

因此，灵活运用三角形结构，拓展设计思维，为服装造型设计提供多种可能。只要服装的一个部分可以和人体进行紧密的结合，从而构成服装重量的支撑点，服装的其他部分就可以自由地向外进行延伸和展开，人体以外的空间是广阔而无限的，是可以进行充分再创造的。在服装造型设计中，可以借助三角形结构的变化达到服装造型的变化。

随着经济全球化的不断深入和互联网科技的日趋普及，国民整体素质有了迅速的提高，消费者对服装品味的追求也越来越强烈。现代服装设计要考虑人与形的关系，形与环境的关系，要反映社会科学和物质文化生活的面貌以及时代精神。服装如果想要着眼于人，就需要涉及人体，随着人体的运动而显示出造型。因此，过去简单的构成形式显然是不够的，设计师必须不断地探索、拓展服装结构造型的各种原理表现及新方法，运用新的角度来拓展传统的结构并赋予新的造型感，创造出结构设计的新格局。

服装的结构设计在整个服装设计当中显得尤为重要，结构设计是服装造型的重要手段之一，可以通过多种结构设计的变化使服装产生相应的造型感。例如，以三角形结构为切入点，通过三角形结构构成方法的变化达到一种造型的变化，这种路径的研究来拓展设计。三角形结构作为一种创新的服装结构造型语言，可以使服装产生立体扩张的体量感和丰富的肌纹形态。三角形结构在服装中的运用，赋予服装独特的立体廓型感和丰富的装饰感，增加服装造型的创新空间。三角形结构在服装造型中的应用研究，不仅是提供了一种独特新颖的造型结构，为设计师提供了新鲜的设计资源，创新服装的廓型设计和装饰性造型设计表达，而且三角形结构的应用研究更是一种路径式的指引，是一种创新的设计思维，对进一步提升我国设计师的创新设计能力有一定的指导意义。

服装造型就是借助人体以外的空间，结合面料特性和工艺手段，塑造一个以人体和面料共同构成的立体服装形象。服装造型设计是服装设计的关键，三角形结构具有丰富的立体造型特征和多样的肌纹表现，是新颖的造型元素，为服装造型设计提供多种造型可能。下面以三角形结构在服装整体廓型、局部廓型和装饰性造型中的应用为例，阐述三角形结构在服装造型中的应用。

1. 三角形结构在服装整体廓型中的运用

服装整体造型是为了强调服装在空间环境衬托下的立体形状特征，放弃了局部细节和具体结构，以平面的影绘或线描方式，充分展示服装的整体效果，服装外部造型是服装造型的根本，决定了服装造型的整体印象。现代设计的基础是方、圆、三角，服装的常用整体造型设计可抽象为长方形、三角形和椭圆形，用字母可以表示为：H 型、A 型、V 型、X 型四种基本的类别，由这四种基本类别可以演变出无数的变化形式。

服装整体造型多集中在腰、肩、下摆的设计中。三角形结构在服装整体廓型设计中运用是将三角形结构的立体造型特征运用于服装中，丰富服装整体廓型的表达。三角形对称构成方法形成的结构具有多样的立体造型感，不同的三角形数量和大小形成不同层次、不同立体的造型结构。灵活的运用三角形结构，塑造多样的服装整体廓型。

三角形对称结构在服装整体廓型中的运用，塑造角状的服装整体廓型。例如，三角形对称结构在服装后片及前片运用，塑造角状服装造型。两个三角形斜边对称排列，所形成的三角形对称结构为单个简洁的立体造型。将三角形对称结构用于后片，折入三角形对称结构的部分省量，使三角形结构形成一个拱形，侧面弧线优美。将拱形的三角形结构作为后片，服装造型的体量感增强，立体的尖角使后片的侧面形态更加新颖，三角形对称结构也可以用于前片公主线的位置，塑造服装前片的角状造型。

又如，三角形对称结构在服装腰部及肩部灵活应用，塑造服装多种角状造型。将三角形结构部分线条形成一定的弧度，形成自然的层次感，将三角形结构用于服装腰部，使三角形结构的立体造型更突出。此外，对折部分三角形结构，将其运用于服装肩部，使三角形结构与人体结合，夸大服装的肩部立体造型，形成新颖的角状服装造型。

2. 三角形结构在服装局部廓型中的运用

服装局部造型又称服装内部造型，是指衣领、衣袖、口袋、下摆、门襟、纽扣、服饰配件等与主体服装相配套，相关联的组成部分。服装部件与服装的主体构成了一个完整的造型，在设计服装部件时，要考虑它的特定服用功能和对服装主体的装饰作用，还要考虑到主体与部件和谐统一和主次关系。

三角形对称构成方法和三角形群组构成方法，是服装局部廓型设计的常用方法，三角形对称结构具有单个的立体造型感，不同的三角形数量和大小形成不同层次、不同立体的造型结构。三角形群组结构具有多样的造型感，将三角形结构的立体造型特征与服装结构巧妙结合，创新服装局部的造型表达。

（1）三角形对称结构在服装局部的运用，塑造服装局部角状造型，具体内容如下：

第一，三角形对称结构在服装领部运用，塑造角状领部造型。两个基本形相接对称排列，所形成的三角形对称结构为一个立体点，由点引出的四条线的简洁立体造型。将三角形对称结构融入领子的领面结构中，简洁的线形丰富了领面的形态，单个立体点塑造了创新的角状造型。

第二，三角形对称结构在服装门襟中的运用，塑造角状门襟造型。将三个基本形轴对称排列，所形成的三角形结构为一个立体点，由点引出八道线的立体结构。将三角形对称结构对折反向用于门襟设计，形成独特的角状造型形态。将三角形对称结构上下错落排列，形成不规则的门襟设计。

第三，三角形对称结构在服装袖子中的运用，塑造对称的角状袖边缘，创新袖子的廓型设计。三角形对称结构在袖子中的运用，形成单个角状的袖形边缘，由立体点延伸出线条的层次。

第四，三角形对称结构在服装袖子中运用，塑造袖口的角状边缘造型。将四个基本形旋转对称排列，形成立体结构，由一个立体点引出六道线。将三角形对称结构运用于袖口，折入部分三角形结构，使立体方向更集中。三角形对称结构在服装中的运用形成角状袖口边缘造型。

（2）三角形群组结构形成线状立体造型，基本形的数量、大小和排列方式影响立体造型形态。三角形群组结构在服装局部造型中的运用，塑造锯齿状造型。例如，以三个相接对称三角形为单元形，平行相离排列，所形成的群组结构具有线形立体感，规则起伏的线形感，将两个相同的三角形平行结构 V 型排列运用于服装领部中，塑造领部新颖的锯齿状造型。

3. 三角形结构在服装装饰性造型中的运用

三角形对称构成方法、三角形位移构成方法和三角形群组构成方法所形成的结构，具有丰富的立体造型感和多样的肌纹特征，在服装装饰性造型中常常运用三角形结构塑造服装立体装饰性造型。三角形对称构成方法形成点状的立体造型，三角形群组构成方法形成线状的立体造型，在服装装饰性造型中，将一个或多个三角形结构运用于服装中，增强服装的装饰美感。

例如，三角形对称结构在服装肩部上运用，塑造服装装饰性造型。将六个三角形相接对称排列，所形成的立体结构中心立体点向四周递减，中心立体感强，团簇的线形感，线条层次丰富。将基本形等量放大，三角形端点依次叠合，将所形成的三角形对称结构作为单个点运用于礼服的肩部，礼服廓形呈 X 型，肩部三角形结构的线形扩张立体感，更加丰富了礼服的立体装饰造型。

三角形结构在服装中的运用，塑造服装装饰性的表面形态。

（1）三角形相接对称结构在服装领部的运用，塑造装饰感领部造型。

第一，六个三角形轴对称排列，形成三角形结构为层次丰富的立体结构。将三角形结构以立体花的形式单个点缀服装领部，与其他的珠绣、线绣等装饰手法一起，使领子的点状装饰形成视觉中心，服装的装饰美感增强。

第二，多个三角形结构在上衣中装饰，形成丰富的服装表面肌理。将三角形结构在面料上用虚实的两层设计，呈现渐变的层次感。将三角形同比例缩小，多个点状的应用于上衣中，使服装的表面形态更加的丰富。

（2）三角形相离对称结构在服装腰部运用，塑造功能装饰性造型。

第一，将两个单元平行所形成的三角形结构融入平面制图中，运用三角形对称结构替代了服装省道的功能，使服装更加的合体，并赋予服装优美的立体线形，既起到了功能性的作用，同时也对服装起到了装饰的作用。

第二，多个三角形群组结构在服装前片运用，塑造服装面状线形起伏的装饰感造型。三角形群组排列，将三角形的端点依次叠合，所形成的三角形群组结构为弧线上下起伏，具有立体的线形感。将多个三角形群组结构规则排列，运用于礼服裙的前片，条状的立体装饰丰富服装的表面形态，形成新颖独特的装饰造型。

第三，三角形群组结构塑造发射形立体造型。两个三角形相接对称形成的正方形为单元，将多个单元形发射排列，依次重叠三角形的三个端点，所形成的结构为弧线立体造型，为由内到外的渐变线形。将多个群组结构发射状排列，运用于服装前片的表面设计中，增强服装的装饰美感。

二、服装造型设计中的黄金分割法运用

服装的主要功能包括蔽体、保暖、美观。在这三种功能中，蔽体和保暖是服装的基本功能，也是实用功能。我们的祖先最早以树皮、兽皮等遮盖身体，从此人类进入了文明社会。随着社会的不断发展，人类精神文明的不断提升，人们对于服装的要求，已不再局限于其基本功能，而更多地是追求服装的外观，即其审美功能。但是，穿出美丽、合身、得体的服装，需要合理的服装造型修饰，造型能充分体现服装的美感与协调性，而黄金分割在造型艺术中具有美学价值，采用这一比值能够引起人们的美感。

所谓黄金分割，指的是把长为 L 的线段分为两部分，使其中一部分对于全部之比，等于另一部分对于该部分之比。黄金分割在建筑、绘画、音乐、文学等领域包括医学、生活中的应用都非常普遍，由公元前 6 世纪古希腊的毕达哥拉斯学派最早触及和掌握。

人体自身也和黄金分割点密切相关，人体结构中共有 14 个黄金分割点，其中与服装设计相关的黄金分割点主要包括：①肚脐：头顶-足底之分割点；②膝关节：肚脐-足底之分割点；③肘关节：肩关节-中指尖之分割点；④乳头：躯干乳头纵轴上之分割点。这些黄金分割点在服装造型设计中起到了至关重要的作用。如何在服装设计中应用黄金分割率，是设计中能否掌握比例与尺度的一个关键。

人体相关各部分之间是基本符合黄金分割率的，肚脐是黄金分割线的黄金点。在躯干部分，胸部位置的上下长度比；咽喉至头顶和至肚脐之比；膝盖至脚后跟和至肚脐之比等，都近似等于黄金分割数。如果人体上述部分比例均符合黄金分割率的话，就显得协调匀称。但事实上，人的体型结构比例要完全符合黄金率是十分罕见的。因此，如果要使人

体各部分显得匀称协调的话，就要从服装造型设计方面着手。在服装造型设计中，恰到好处地运用黄金分割，不但可以修正、掩饰身材的不足，而且能强调突出个体的优点，从而给人一种和谐、完美的感觉。黄金分割在服装造型设计中的运用具体内容如下：

（一）黄金分割在上衣造型设计中的运用

第一，肚脐是人体中的一个重要的黄金分割点，在肚脐眼位置简单地用一条腰带加以装饰，显然，此黄金分割点处的腰带在上衣中起到了"画龙点睛"的作用，整件衣服的立体感比较强烈，透着一种和谐的韵味。

第二，腰部是服装的黄金分割线，在正常情况下，腰围较胸围小20cm左右，能给人一种协调匀称的感觉，上衣经过收缩处理，将腰围进行适当收缩，使其较胸围小20cm左右，能明显地感觉到其修身效果。

第三，胸部是躯干纵轴上之黄金分割点，西装在胸部位置加上一个胸花之类的装饰品，立马就突出了整个西装的亮点，当然，这个装饰品的颜色、形状、大小等要根据具体的服装款式而定。大家在社交场合经常都会看到一些男士，其胸前的西装口袋中多数都会配上适合的方巾，来显示其对该场合的尊重，还能显示其自身的品位与修养。

第四，肘关节是肩关节至中指尖之黄金分割点，可以在肘关节处做一个简单的处理。例如，加上一个椭圆形的围案，让整件衣服看起来充满了活力，更增添了一份难得的随意性。

（二）黄金分割在裙子造型设计中的运用

若以人体总高160cm为例进行分割。160cm×0.618约等于99cm，恰好在人体的腰围部位。将所得99cm再进行一次分割恰好在手尖部位，一般超短裙都在这一位置上。将第二次分割后的61cm，再进行一次分割等于37.7cm，恰好在膝下位置，一般中长裙在这一位置。而膝关节本身就是肚脐至足底之分割点，如果裙长刚好到膝关节位置，称为膝长裙，也是很能体现人的身体的和谐之美。

（三）黄金分割在西装造型设计中的运用

将黄金矩形用于西装设计是再合适不过了，所谓黄金矩形就是某矩形的长宽之比为黄金分割率，即矩形的短边与长边之比约为0.618。黄金分割率和黄金矩形能够给画面带来美感，令人愉悦，将其用于西装设计，能让整件西装的比例更加匀称，从而带来美感。

当然，黄金分割在西装造型设计中的运用不仅仅只有黄金矩形而已，还有很多。例如，首先，在胸前这一黄金分割点处，加上一个口袋，口袋上又可以加上方巾等进行修饰，从而突出整件西装的亮点；其次，可在肚脐这个黄金分割点处，加上一个合适的纽扣，从而达到修身的效果；最后，还可在腰部这一黄金分割线处加上两个口袋，从而使整件西装达到和谐的效果。

（四）黄金分割在牛仔裤造型设计中的运用

膝关节是肚脐与足底之分割点，牛仔裤在膝盖位置及其附近做了一个颜色淡化的处理，从而体现出了这条牛仔裤颜色的层次感，给人一种层次分明的感觉。例如，在牛仔裤的膝盖位置做一个褶皱处理，该处理是牛仔裤的一大亮点，使整条牛仔裤看起来十分的自然，十分的和谐。

而牛仔裤又可进行简单分类，分为喇叭裤、铅笔裤、直筒裤等，牛仔裤的这些分类与膝关节这一黄金分割点密不可分。例如，喇叭裤就是从膝关节开始到裤脚逐渐地做放大处理；铅笔裤主要是从膝关节开始到裤脚逐渐地做缩小处理；而直筒裤从膝关节开始到裤脚大小几乎不变。

第四节　服装创意造型设计的方法

服装创意造型设计是一门融合艺术、时尚和设计的独特领域。在时尚行业中，创意造型设计起着关键的作用，它不仅仅是服装的设计和制作，更是对时尚趋势的把握和表达个性的方式。下面探讨一些常用的服装创意造型设计方法，以帮助设计师们在创作过程中找到灵感，并实现独特的设计。

第一，拓展思维：拓展思维是创意造型设计中至关重要的方法之一。设计师应该学会从不同的角度看待问题，并超越传统的思维模式。可以通过参观艺术展览、观察自然景观、研究历史文化等方式来拓宽视野，激发灵感。此外，与其他创意人士交流和合作也是拓展思维的有效途径。

第二，研究时尚趋势：时尚行业变化迅速，了解时尚趋势是设计师必备的能力之一。通过研究时尚杂志、参加时装周、关注社交媒体上的时尚博主等方式，设计师可以了解当前的流行元素和趋势。然而，设计师也应该学会超越潮流，将时尚趋势与自己的创意结合，创造出独特而个性化的设计。

第三，建立灵感库：设计师应该建立一个灵感库，收集各种与服装创意相关的素材。

这可以包括图片、色彩样本、纹理图案、艺术品、电影剧照等。当需要寻找创意灵感时，可以浏览灵感库，从中获得启发。同时，设计师还可以将不同的素材进行组合和重构，创造出新的视觉效果和造型。

第四，创意草图和模型：创意草图是设计师将创意想法快速表达出来的一种方式。设计师可以使用纸笔或设计软件绘制草图，将自己的构思可视化。创意草图可以是简单的线条草图，也可以是更详细的描绘，以便于后续的制作和制造。此外，设计师还可以使用立体模型来呈现服装的形状和结构，更好地展现自己的创意。

第五，实践与反思：实践是提高创意造型设计能力的关键。设计师应该不断尝试不同的设计方法和技术，将创意付诸实践。通过实际的制作过程，设计师可以发现问题、解决问题，并不断改进设计。同时，设计师还应该进行反思，总结成功和失败的经验，以提高自己的设计水平。

第六，团队合作：在创意造型设计中，团队合作是非常重要的。设计师可以与其他创意人士、服装制造商、摄影师、模特等进行合作，共同实现设计的目标。团队合作可以带来不同的视角和专业知识，提供更多的创意和可能性。

总而言之，服装创意造型设计是一个综合性的过程，需要设计师充分发挥自己的想象力和创造力。通过拓展思维、研究时尚趋势、建立灵感库、创意草图和模型、实践与反思以及团队合作，设计师们可以打破传统束缚，创造出独特而具有个性的服装设计。同时，不断学习和探索新的设计方法和技术也是提升设计能力的重要途径。

第六章　服装面料的再造设计及其创新方法

第一节　服装面料再造设计的作用

"服装面料作为服装设计的主要载体，承载着设计师对于设计作品的表达，面料再造设计越来越多受到服装设计师的关注与青睐，因为面料再造不仅从一定程度上带领设计师走出设计思维的禁锢，更加能够在现有的廓形基础上提升设计效果。"①

一、服装面料再造设计有利于设计师设计理念的充分表达

实际上，在传统的服装设计的环节中，设计者往往也会有一些新颖、大胆且独特的想法，然而现实的情况是，他们在具体的设计过程中往往会受到很多因素的限制，如大环境人们的接受程度以及服装设计的技术等，这就导致了在传统的服装设计中，设计师的很多想法都难以付诸实施。然而服装面料再造设计则给设计者提供了一个很好的设计平台，这时设计者可以充分地结合服装人群的气质以及特征等大胆地进行创新设计，并且使这些设计能够体现在服装的上面，能够被大众看到，从而真正地展现和表达出设计者的理念以及所思所想。这是一个十分重要的环节，因为借助于服装面料再造设计，设计者才可以施展自身的才华，才可以充分地展现自身的设计理念，并且找到同样喜爱这个设计理念的消费者。

二、服装面料再造设计有利于对服装装饰及其款式的创新

服装面料再造设计是一种创新的活动，因而其对于服装的设计而言具有重要的作用，具体体现在如下两个方面：第一，服装面料再造设计可以使服装的装饰变得很独特和有吸引力，能够快速吸引大众的注意力。例如，设计者在面料中装饰一些宝石、耳环等饰品可以起到很好的装饰效果。第二，服装面料再造设计可以使服装的款式变得很特别、多样

---

① 徐天宇.浅析面料再造设计对于服装设计的提升［J］.科技资讯，2020，18（11）：209.

化，即使是同一件服装，设计者也可以通过服装面料再造设计使其呈现不同的款式特征，从而体现不同的特点。

第二节　服装面料再造设计的特点

一、服装面料再造设计的功能性特点

通常情况下，设计者对不同的服装进行设计时往往会有两种不同的目的：其一就是服装设计体现了现代社会中的不同群体对审美的不同追求，人们都喜欢美的事物，因而人们也都希望自己的服装更加具有美感并且能够体现自身的个性特征等。其二，人们对服饰的功能性也具有一定的要求，即人们穿着具有设计感的衣服不仅仅是为了好看，也是为了达到一定的保暖作用，有一些还具有吸汗、透气以及凉快的功能等。换句话说，服装面料再造设计要具有一定的功能性，这样设计出的服装面料才会保持美观的同时也具有较强的功能性，这样改造的设计才会是成功的改造，才会被消费者以及大众认可和使用。

二、服装面料再造设计的艺术性特点

从本质的层面进行分析，服装面料改造设计也是一种设计活动，因而设计者的设计必须要具备一定的艺术性，这样才会使服装面料的改造设计更加合理，能够吸引消费者的目光。具体分析而言，在现代社会中，人们有更多的机会参观博物馆以及美术馆等机构，因而人们的审美水平也得到了一定的提升。这就要求设计者的服装面料改造设计一定要具有一定的艺术性，从而满足大众日益提升的艺术品位。例如，设计者可以适当地把服装中的色彩进行艺术化处理，从而使服装的色彩变得更加独特、有层次感，体现艺术的气息，这也能够吸引年轻人的目光。

三、服装面料再造设计的科学性特点

服装面料再造设计具有科学性的特征，那是因为设计者在对服装的原有面料进行改造时必须要熟悉这些面料的化学、物理性质等，从而在这些科学理论的基础之上进行改造，否则改造就会遇到很多现实的难题。在具体的设计实践中，服装设计者需要做好如下充分的准备工作：第一，了解不同面料的材质、特性以及注意事项等；第二，分析不同面料的使用情况、流行的程度以及优势等；第三，收集和了解各种不同的面料再造工艺方法；第四，充分地调查和研究服装再造面料的各项性能，即这种面料是否具有较强的实用性、能否被消费者接受和认可、能否更加亲肤等。总而言之，服装面料再造设计具有科学性的特点，设计者需要学习和涉猎很多领域的科学专业知识，如人体工学以及美学等领域，从而使服装面料更加高级、舒适，能够满足消费者的各项需求。

四、服装面料再造设计的商业性特点

服装面料再造设计其实就是为了让服装设计使用的面料变得更加多样化，从而使设计者可以根据创新的面料进行创新的设计，提升服装美感的同时也提升服装的功能性。由此可见，服装面料再造设计也是在一定的市场实际需求的前提下发展起来的，它的出现是为了更好地展现消费者的个性，满足消费者的实际需求等，因而其具有一定的商业性，其能够为消费者提供新颖、独特的设计形式。

第三节 服装面料再造设计的表现形式

一、服装面料再造设计——拼接与组合

服装面料的拼接与组合是服装面料再造的一种表现形式，拼接组合的表现形式往往是针对质地紧密、厚重的面料，通过匠心独运的构思将不同材质、不同风格、不同颜色、不同图案等元素进行组合，可丰富面料的层次感，突出设计的新颖独特。

二、服装面料再造设计——做旧与钉结

减法设计技法里面的破损设计技法实际在一定程度上就是对服装面料进行做旧，通过磨损、撕裂、腐蚀等手法使得服装面料呈现一种非主流的复古风。而钉结则是通过热压、黏合、钉、贴等方式将丝带、羽毛、皮毛、金属珠链等材料添加在服装面料上，提高服装面料立体感。

三、服装面料再造设计——褶皱与染色

褶皱与染色也是服装面料再造的一个重要表现方面，通过物理挤压、打皱等方法可以使服装面料呈现不同大小、不同角度、不同位置的褶皱，褶皱可以有效地使服装面料由二维平面结构向三维立体结构转变，提高服装面料的视觉效果。而染色则是赋予面料更强烈

的视觉冲击，通过染色可以将设计师对生活的感悟与理解巧妙地融合在服装的设计之中，同时使用不同的染色工艺，服装色彩所呈现的美感也各不相同，如蜡染、扎染的古朴、自然。

四、服装面料再造设计——渐变与重复

渐变是一种规律性很强的有趣现象，可以是形状的渐变、色彩的渐变、体积的渐变、位置的渐变、质感的渐变等。例如将很多大小不一的点、线、面元素按照相应的顺序做渐变式排列，就会非常具有韵律美感；将不同的材质按照由软变硬、由暗变亮的顺序排列，也会产生一定的秩序美感。

重复就是同样的东西再次或者多次出现，面料再造设计中就是大量的点、线、面以重复的方式组合在一起，这会形成一种非常壮观的肌理效果。例如大量重复的花朵、亮片同时出现在同一画面中；相同或者相似的纹样、造型同时出现在同一画面中等。

五、服装面料再造设计——近似与特异

找到一些材料之间近似的元素，然后将这些元素组合在一起，形成全新的视觉效果。相似的造型元素之间有着既雷同又各异的造型风格，将它们组合在一起的话会产生既和谐又具有趣味性的艺术视觉感。

特异效果是很多设计师都喜欢使用的一种审美手段，就是在大众的视线当中寻求一点小众的目光，或者在黑白的色彩中，出现一抹红色，都可以为画面增添一份特异形式的美感。将特异运用到服装面料设计中非常合适，在一成不变的面料上突然出现某种特殊的肌理效果，往往这种特殊就会成为一个设计亮点。

第四节 服装面料再造设计的创新方法

一、服装面料再造设计的方法革新

（一）服装面料的立体设计

面料再造的立体设计是指设计师对平面的面料，根据自己的设想，对其进行立体感的改造，其中改造的方式包括运用折叠、皱褶等专业手法，让服装展示凹凸纹理带来的美

感。通过立体设计给人以强烈的触觉和视觉的冲击。在设计过程中利用对不同的面料进行分析处理，采用钩编的不同手法使服装呈现不同的层次纹理，高超的服装设计师以大胆的想象设计不同气质人群适合的立体感强烈的服装，其形式多变，运用元素丰富。

（二）服装面料的加法设计

面料再造过程中对加法设计的应用赋予服装不同的美感，加法设计通常运用一种或者两种以上的元素，对现有的面料进行专业手法的改造。可运用宝石、纽扣、绣线等对服装进行加法，在加法过程中设计师可以运用夸张大胆的想法对服装进行不同的加法。例如，对简单的白色长裙进行宝石的点缀加法设计，凸显个性，在现代服装设计中受到广泛的运用。我国对传统服饰进行加法使传统与现代进行冲击交融，形成具有中国特色的美的享受。

（三）服装面料的减法设计

减法设计在面料再造中具有破坏性，且在平常生活中许多人对自己的服装也会进行不同的减法设计，如将一条简单长裤的某些部分剪开，从而形成破洞裤，使普通的服装具有个性。而专业的服装设计在减法设计过程中会运用更多的手法如镂空、抽丝等，具有随意、错落有致的美感，突显个人气质。例如，渔网状与镂空长裤的结合，深受青年人群的喜爱，同时其设计对各类服装资源进行了有效利用。

（四）服装面料的变形设计

一般而言，拉伸卷边造型是涵盖在变形设计技法之中的，这一技法和服装面料的加法设计技法、减法设计技法都不一样，其并没有对原来的服装面料的元素进行改变，只是借助于物理作用来对服装面料的原有的特性和风格进行了改变。例如，对面料进行挤压、拉伸等，促使面料给人一种三维立体的感觉，并展现出一定的层次性。在针织面料的再次改造和设计中，变形设计技法的应用具有较强的普遍性。除了拉伸卷边造型外，还有一种变形处理的技法，那就是对服装面料进行扎结处理，也就是对服装面料中的纱线进行抽拉，从而促使面料聚集在某一个点上，然后打结，这样的方法可以促使面料形成大小不同的图案，并且这样的图案不容易散落，而且比较耐洗。

（五）服装面料的综合设计

服装设计的目的就是把不同人的不同气质借助于服装表现出来，可以说是对人的综合气质的展现。在对服装进行设计的时候，我们需要考虑的因素有很多，因为随着经济的发展，生活水平的提高，人们娱乐的方式也越来越多，在不同的场合，人们需要穿不同的衣服，一些隆重场合衣服的设计要求更为严格。场合不同，服装的要求不同，服装设计师就需要对各种服装的各种面料进行改造，增加一些和主题一致的元素，对服装进行综合性的设计。在对服装进行设计的过程中，很多手法都得到了运用，并且展现出很多夸张的理念，这样既能把主题突显出来，还能吸引人们的注意力，最终给人们留下深刻的印象。

二、服装面料再造创新与一体化设计

（一）服装面料再造创新与服装款式设计

在对服装进行设计的过程中，很多设计师有的时候会弱化服装的造型，把服装的面料的表现力突显出来，通过一些经典的衣服款式来让人们把更多的注意力放在衣服的面料上，那些看起来就像是没有完成设计的服装因为造型的类似反而更能把面料上的创新展现出来。现在，越来越多的服装设计师借助于服装的面料来展现自己的才华。不论一开始的服装面料是多么单一，把各种各样的纺织面料、皮革材质、亮片等合理地搭配起来，再加上对这些材质的再创造设计，就会让人感到大吃一惊。首先对这些面料材质进行分析，发现它们各自在审美上的特点，然后进行深入思考，使用一些特殊的方法进行再改造，把面料的最本质的细节提炼出来，促使设计出来的服装和原有的单一状态有所不同，展现出一定的独特性。在对服装进行设计和创作的时候，需要对现在市场中的面料有所了解，还要进行深入的思考，或者说，在日常的生活中要学会积累丰富的创作素材，总结审美思维，把各种各样的创作灵感激发出来，对现有的面料进行创造，进而设计出和再创造面料的审美特点相符合的服装。假如再次创新的面料还是比较简单的话，那就对服装的设计款式进行一定的改变；假如再次创新的面料比较丰富的话，只需要对款式做简单的变化，这样就可以相互对应起来了；假如再次创新的面料的成品中含有一些立体化的审美元素，在造型上就应该尽可能平展，把面料的个性更好地展现出来。根据上面所说的思路来对服装进行设计，设计师既能把原来的服装面料的表现效果丰富起来，又能促使服装给人一种创新的感觉，最终使得设计出来的服装展现出更为深厚的内涵。

对面料再次进行创新所设计出来的面料通常具有以下特点：丰富的变化、生动的表现力、立体的视觉多样性、多样化的文案、复杂的肌理效果等。当我们在对服装进行创新设计的时候，可以把创新设计出来的面料应用于服装的某一个部分，把重点突出出来，换言之就是在服装的审美造型中把点的作用发挥出来，从点出发，把服装造型的款式展现出来，把美感突显出来；还可以根据服装造型的款式结构对再次创新设计出来的面料进行布置，重点关注服装设计的整体感觉和风格，也就是在服装的审美造型中把线的作用发挥出来，根据再次创新设计出来的面料，增加设计的趣味性；也可以把再次创新设计出来的面料的效果和服装的整体性结合起来，全面地展现出再次创新设计出来的面料的独有特性，在弱化服装的款式的同时，把整体面料的魅力展现出来。我们要把再次创新设计出来的面料中涵盖的内容充分地表现出来，造型的款式要尽可能地做到简单整洁，设计的重点是面料材质，不是简单意义上的造型。

（二）服装面料再造创新与服装风格设计

现如今，设计师们都在追求突破和创新，其本质就是追求自己的风格，对自己的风格进行定位。当设计师在对自己的风格进行定位的过程中，不自觉地都会把自己所属时代、所属社会的审美思维融入其中，还会融入其所属的民族的历史传统、自己对世界的整体性风貌的理解等。当服装设计师在追求自己的设计风格的时候，其需要把现有的面料材质、设计技术等有效地融合在一起，按照服装自身的功能进行设计，积极总结服装的艺术性，从而设计出面料和风格相互融合的服装。

当我们在设计服装的时候就会有这样的发现，服装的款式造型一样，但是制作的材料不一样的话，服装的风格也就是不一样的，故而，不同的面料展现出来的风格、效果是完全不一样的。因为每一种面料的质地、触感、颜色是不一样的，故而，其就会表现出绚丽、轻薄、悬垂等不同的性格特点。设计师对各种面料的不同性格特点进行充分的利用，从而发现新的材料领域，开拓出新的设计风格。服装设计师不只是需要全面地了解和掌握面料材质最原始的特性，还需要思考怎样搭配面料是最合适的，通过成熟的审美思维来把面料的展示效果重新创造出来，展现出全新的面料质感和形态，最终创造出完全属于自己的风格。

设计师要想让自己独特的审美思维成熟起来，并形成自己独一无二的设计风格，就需要对自己的设计理念的特点有精准的把握，并且找到相对应的面料，应用于自己的设计中，可以借助于对服装的面料进行创新性的设计，然后再使用和自己的设计理念相符合的面料语言把自己的设计风格展示出来。所谓的面料语言的重组指的就是对面料进行创新的抽象思维，是和设计思维、动手能力相互促进的创新性工作，也是把面料的材质、肌理、颜色等特点相互联结起来的这样一个过程。例如，在面料语言的重组中，我们可以使用折叠法等手法来对面料进行再次创新，促使面料具有较强的立体感，从而使用面料自身的流动感和空间感作为设计的语言把设计师对服装的感受描绘出来。这是一种表面上比较流畅浪漫、内在比较宽松舒适的感觉，也就是外扬内松的感觉，在优美的褶皱中，把穿衣服的人的优雅、浪漫的气息表现出来，还让人的皮肤和面料接触的时候感觉比较舒服，是现代都市人群都喜欢的着装风格。

很多客观性的条件都会对服装设计的风格产生或多或少的影响，设计师所处的社会的很多方面都会对其审美思维产生影响。当我们在对服装的面料进行创新的时候，既需要考虑原始面料自身的功能，还需要加强其审美价值，在创新的过程中寻求材料之间所产生的变化。还要采用比较恰当的手法精确地把握材料语言，更好地把自己的创作风格展现出来。对于面料的再次创新并不是随意的，而是需要进行理性的分析；要想形成自己的风格，也需要创新；还要恰如其分地使用面料创新的手段。首先把设计的目标确定下来，在这个基础上选择合适的面料语言，再加上合理的审美思维，把理论和实践有机地结合起来，从而最终把自己的设计风格确立下来。

随着科学技术的不断发展，面料创新的手段也发生了很大的变化，并且越来越多样化。小型加工机械日渐得到广泛应用，推动了面料创新的发展，新的面料可以更好地把服装设计的风格展现出来。

（三）服装面料再造创新与服装设计实践

"面料再造设计是推动服装创新设计的发力点。面料再造设计不仅为服装设计师创意设计提供了实现的可能，而且也有力地推动了服装面料产业的推陈出新。"[①] 在进行服装设计的过程中寻找到最为合适的面料创新的手段，然后使用创新出来的面料来推动设计思维的发展，并且应用于服装的设计中，这些都需要对审美思维的基本性的规律有所了解。在这里，我们可以分别站在局部和整体两个角度来分析怎样才能更好地创新，在怎样的设计环境中应该遵循什么样的审美法则。

1. 在服装设计局部体现面料的再造创新

在进行设计的时候，要想形成一定的吸引力，把面料的创新感觉和服装整体设计的审美特点充分地展现出来，把局部的服装面料形态和其他面料的对比感受突显出来，设计师可以使用再创造的手段来创造新的面料语言，并且应用于服装造型的结构点上。例如，服装的顶端肩颈沿线上，或服装的下摆上等。

2. 在服装设计整体体现面料的再造创新

在设计的整体效果上，要想实现面料的再创新，我们可以增强基础面料的本质感受，

① 贺雪雪. 面料再造设计在服装设计中的应用 [J]. 艺术品鉴，2020（8）：67.

或者是促使面料的颜色具有较强的冲突性，还可以增强面料自身所具有的空间感。最具有代表性的作品是三宅一生，这样的设计手段需要设计师更好地理解面料和材质，还需要对审美思维有精准的把握，把设计和面料结合起来，最终创作出自己的作品。这样创作出来的作品的服装款式都比较简单整洁，即便是因为面料的重组促使服装架构有所变化，但是重点还是在面料自身。

第七章　服装设计创新方法的深层次探索

第一节　3D 打印技术在服装设计中的运用

一、3D 打印技术与服装新形态构建

3D 打印技术是以数字 CAD 模型为基本文件，运用粉末状金属或塑料等可粘合材料，通过逐层打印的方式来构造物体的快速成型技术。3D 打印技术能够快速制造、设计产品原型，有效提高生产制造的时间。但在进行大批量制造时，3D 打印速度远不及传统制造方法，这也是制约 3D 打印技术工业化的一个瓶颈。在一次成型个性化定制上，3D 打印技术在服装服饰产品的原型设计上更具有优势。3D 打印技术的推出，给了现代服装设计领域更多的创新可能性。这一技术逐渐成为服装领域的热点和亮点，也给服装行业带来不一样的改变。可见，利用 3D 打印技术对现代服装进行创新型设计，是一件势在必行的事情。

（一）3D 打印技术的方法与优势

3D 打印技术是一种非常先进且灵活的制造技术，简单概括 3D 打印技术的优势就是降低成本、节省时间、排除复杂性障碍。随着科技不断进步，3D 打印技术也在不断进步与强大，除分层堆积打印方法外，还有多种切割式打印方法。增材制造是最为传统的 3D 打印方式，现又扩充减材法，将一整块材料进行切割打磨，最终形成所需的物体形状。相对而言，增材制造打印的物体实物表面较为粗糙，需要经过打磨等后处理，减材的打印加工方法则物体精细度较高，并且可选择的材料范围也较大。3D 打印技术的方法和优势如图 7-1 所示。①

---

① 　张婷婷. 3D 打印技术在构建参数化服装新形态中的设计研究［D］. 无锡：江南大学，2018：17.

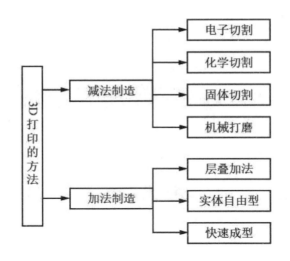

图7-1　3D打印方法

第一，产品一体成型。对定制类设计产品的原型制造起到极大帮助，由于3D打印机其分层制造的制造方法，一体成型，无需组装。一般传统产品生产制造方法为先产出零部件后组装拼合。3D打印解决人工拼组的人力浪费，也节约了一定的生产时间。

第二，打印快速。可根据设计需求针对设计产品即时进行生产，缩短制造生产的时间。

第三，设计空间无限。传统生产技术对产品造型的要求和局限较多，并且设计产品的造型形状多数由于制作工艺、使用工具的限制而无法实现。而3D打印技术只需输入造型的3D文件，则可以打印生成，为设计实现开辟更广阔的空间。

第四，生产废料少。在现有的生产制造过程中，难免会因切割打磨而产出许多废料垃圾。然而利用3D打印增彩制造的工艺方法即造型需要多少用料则堆叠多少材料，打印机根据产品原型的需求逐层叠加材料，几乎零废料。这样不仅节省生产成本且环保可持续。

第五，制造造型精准。受计算机控制，产品尺寸大小严格精准，分毫不差。相比传统制造手工生产，降低了产品造型及尺寸的误差。

第六，一机多用。3D打印适用于多种造型的产品，只需计算机绘制三维模型导入打印机即可即时打印成型。3D打印技术是实现三维设计产品的快速通道。前期通过设计师的创造、设计理念产出设计方案，后期则可以通过3D打印技术使其设计产品快速成型。且3D打印技术对产品造型局限性极小，从而更加拓宽了设计师的设计思想，实现更多设计可能性。

（二）材料对 3D 打印技术的影响

1. 3D 打印材料的种类和特点

在 3D 打印技术中，打印材料是决定打印成品实物效果的重要因素，也是 3D 打印技术发展的重要物质基础，占据着举足轻重的地位。3D 打印材料的研发使用决定 3D 打印领域的应用广泛性。目前阶段，3D 打印材料主要包括塑料用料、树脂材料、金属类、陶瓷类和复合材料。以下列举应用最广泛的四种的 3D 打印材料。

（1）ABS 塑料。ABS 材料是目前工业产品中应用最广泛的材料之一，同时由于其材料特性，也广泛应用在 3D 打印行业。ABS 材料为不透明材料，基本形态多为颗粒、线型和块状，无色，无味，无毒，有较高强度和韧度，材料特性稳定，有电性能、耐磨性、抗化学药品性、染色性，成型加工和机械加工较好。

（2）PLA 塑料。PLA（聚乳酸）塑料属于 3D 打印材料聚合物中的生物塑料，在工业生产中多年用于吹塑、热塑、高速旋转成型等加工工艺，材料可塑性高，得到广泛应用。成型后材料表面具有光泽度并有一定透明度，韧性高，有较好的拉伸性和延展度。

通过使用 PLA 塑料进行 3D 打印的产品表面略带光泽，对比 ABS 塑料可发现 PLA 料表面哑光，略显粗糙。两者在加热温度上要格外注意，PLA 塑料加热到 195℃便可顺畅挤出。ABS 塑料的工作温度为 220℃，PLA 塑料在 220℃的时候会出现碳化现象，产生气泡，导致 3D 打印的物品塌陷，堵塞喷嘴。所以二者在工作温度上需要注意。

（3）尼龙材料。SLS 尼龙粉末材料是一种白色粉末，主要用于烧结成型，质量轻，耐热耐磨损，粉末细腻，具有成型精度高、抗拉伸强度高等特点。原材料颜色成乳黄色，较 PLA 和 ABS 的颜色选择较少，但制成模型后可以通过染色、喷漆等方式加工。在尼龙粉末烧结的过程中，需要较高的工作温度，并需要保护气体填充设备，所以该工艺对生产加工的要求条件高，设备成本高，但打印出的工件属于工业级产品。所以尼龙烧结 3D 打印产品，多用于汽车、航空、军工、电子家电等高新科技产品上。

（4）光敏树脂。光敏树脂目前为 3D 打印行业最成熟最通用的成型材料。液体流动性高，固化成型坚固，强度高，固化速度快，表干性好，成型后产品外观光滑平顺，可呈现透明或半透明磨砂材质，因为被广泛应用于制造业、定制化产品、高精度打印等。打印成型产品气味低，低刺激性，原材料循环利用率高，成为个性化产品打印的追捧材料。

（5）橡胶类材料。橡胶材质是最具弹性的材料，以邵氏硬度为等级划分为 A 级强度、B 级强度和 C 级强度，并有断裂伸长率、抗撕裂强度和拉伸强度等区分。橡胶产品的打印非常适用于具有柔软、防滑等需求的产品上。如座椅座垫、弹力球、自行车把手、鞋底、避震器等。

（6）金属粉末。金属粉末的打印也随着技术的发展和成本的降低，被广泛使用在航空航天、军事和高端民用产品上。单一金属粉末、合金金属粉末和具有金属性质难熔化的混合物粉末的小于 1mm 的金属颗粒群，可选用选择性激光烧结法（SLS 法）打印烧结进行加工。打印后的金属粉末表面较为粗糙，需进行二次加工以达到工业级的要求。但材料本身具有硬度高、变形小、力学性能稳定、收缩率小等特点。

（7）陶瓷材料。陶瓷材料是在近年来才被应用在民用级产品领域的，由于材料本身无法进行加热烧结或喷涂，必须添加相应的化学试剂参与陶瓷的打印过程。将原料石粉末与特殊液态树脂混合制成泥浆作为打印加工原料，计算机通过计算产品横截面轮廓控制紫外线光照和相应区域的温度，浆料便很快固化成相应的平面，逐层堆叠，直至整个形态处于半固化状态完成形体塑造，最后利用超高温对泥浆加热，使其发生化学变化，最终变成陶瓷材料。陶瓷属于新型材料，强度、硬度极高、耐高温、质量轻、化学性质稳定，在航空航天、军工产业、医学领域、高科技产品核心部件有广泛应用。但由于陶瓷材质加工复杂，加工过程中变量控制烦琐，导致此材料成品率低、造价高。但相信在不久的将来这项技术难题会被很快攻破，走入寻常百姓家，给人民的生产制造、生活品质带来巨大的改变和惊喜。

以上打印工艺技术和打印材料两者之间存在密不可分、相辅相成的关系，特定的打印工艺只能适合于打印特定的打印材料，而特定的 3D 打印材料则需要相应的工艺技术使其实现成型。

2. 3D 打印材料的局限和限制

（1）由于 3D 打印的独一性、定制性使得产品或服装无法进行大批量生产，成本较高且生产率低。所以现在主要还是用于样品和模具的制造。

（2）在国内可供服装打印的使用材料非常有限，目前并不具备能够打印纺织面料的设施。新型 3D 打印材料研发较少且不够成熟。

（3）精度和质量问题：3D 打印的部件单品精细度不高，无论是尺寸上的毫差、形状的把握还是物体表面的粗糙感都较为粗劣，不够精细。另外，打印物体的强度不高、刚度不够且耐劳性较差。目前，3D 打印技术处于发展中阶段，成型技术不够完善，研发的新型材料较为有限，3D 打印技术只能够提供模型检验和艺术创作等方面，不能够替代实际的功能性工程零件。所以，在应用领域的使用上还有进步空间。

3. 3D 打印材料色彩与后整理

最常用的 ABS 塑料以及 PLA 塑料两种 3D 打印材料已有多种颜色选择，且具有高纯度、高精度的特点。此种线材线盘多用于挤出式"桌面"3D 打印机，1.75mm 线径线材市场很易购买，价格也不高。此类线材线径公差在±0.02 之内，较低的生产成本及简化的设计打印过程让人人都可以轻松接触及运用 3D 打印。

一般在工业级 3D 打印机下打印出的三维产品要经过后处理才能够出厂及使用。3D 打印产品后处理工艺包括去除支撑、风干固化、打磨、上色等步骤。后处理工作需要针对不同材料打印出的产品，以及打印产品的不同几何形状造型进行选择。例如尼龙材质的零部件是利用尼龙粉末打印而成，需要在打印后用水冲洗，此工艺为水射流工艺，用此工艺清除多余的粉末，以此提升打印部件的表面光洁度。使用液态树脂打印的产品需要进行固化、风干处理，固化后经一定的打磨等细节修整和上色等工艺就可完成整个打印过程。

（三）3D 打印的其他新型材料

3D 打印技术的蓬勃发展使得其 3D 打印材料不仅仅局限于常用的几种耗材。不同的打印材料能够成型不同质感效果的三维产品。

第一，具有韧性可弯曲的材料。德国 3D 打印丝材材料的制造商研发出最新的 3D 打印材料 Bendlay。Bendlay 材料弯曲力度相比 PLA、ABS 都要柔软，该材料最大特性就是极具弹性，且用力进行弯曲后材料表面不会出现白点。Bendlay 材料会比 PLA 密度更加紧密，比 ABS 柔软，也属于塑料的一种。它由 ABS 材料改良而来，透明度更高，打印的成品可运用在鞋子、儿童可捏玩具等方面。

第二，新型弹性材料。著名 3D 打印产业服务商 Shapeways 研发一种类似橡胶材料的弹性材料 ElastoPLAstic。其材料不同于 ABS 塑料的特点，在于烧结成型后，仍然具有柔韧弹性，并且不存在脆性问题，可以接受外界的压力和拉扯，弹性好且回弹效果出色。ElastoPLAstic 具有高抗冲击性、高弹性及耐压缩性，打印工艺方法与 ABS 一样采用"逐层烧结"的方法，但打印成品表面会较为粗糙不够精细。ElastoPLAstic 较为坚韧，可用于打印鞋子、手机壳、衣物等产品。

第三，超韧性材料。在 2015 年艾里斯·范·荷本的巴黎高定秀场，模特穿着的 3D 打印服装是利用名为 TPU92A-1 的新型材料打印而成的。这种材料具有超强的物理性能，韧性好弹性高，回弹效果优秀。大多数的 3D 打印材料过于坚硬，而 TPU92A-1 这款新材料弥补这一短处，可以打印时装。

第四，新型生物降解材料。3D 打印产业发展迅猛，其中名为"潮流设计"的工作室研发出一款可生物降解的新型打印材料。例如纸浆、木浆等材料都是可利用材料，并且在打印成品表面刷有清漆或固定配件，可使物体的持久性更高。另外，此生物可降解材料可以被熔融沉积型打印机兼容，并且这些材料能够使打印产品拥有光滑表面和独特纹理。

（四）服装新形态中的 3D 打印技术

服装新形态的构建即打破现有服装单调单一的片面结构，赋予现代服装更多的立体空间可能性，崇尚更加多元化的非线性自由形态。随着人们的审美需求和品味不断提高，使得人们对服装设计的要求愈来愈高。今天的服装更多是满足人心理需求的精神产品，即通过某件服装表现出自我较高的艺术品位或是其丰富的文化内涵。

现代服装设计更加强调新技术、新工艺，从而形成全新的实用性与艺术性相平衡的现代服装。构建现代服装新形态，不再只是对现有传统服装面料通过扭曲、抽缩或涂层等工艺进行装饰，也需要利用机械处理技术对面料进行加压或者高温处理而形成肌理、褶皱等形态。然而，在科技发展迅猛的现代社会，服装在设计中需要更多的表达方式，其中可以通过参数化设计为构建服装新形态提供更多有变化的逻辑结构形态，3D 打印技术为构建服装新形态提供了先进新颖的技术支撑，在一次成型个性化定制上，基于 3D 打印技术的参数化设计在现代服装服饰产品的原型设计上有极大的发展前景。

二、3D 打印技术与服装设计的审美蕴意

服装设计的创新性是服装领域必不可少的模块。采用 3D 打印技术实现的创新设计服装，呈现别具一格的立体效果，且审美意蕴更加深入，艺术特征更加强烈。因传统现代服装的材质面料、工艺手法都是有限的，通过 3D 建立立体模型的方式，能够呈现可塑性更强以及利用打印技术完成传统面料实现不了的服装作品，其科技带来的造型艺术美感是传统工艺无法比拟的。

3D 打印技术下的服装设计，其创新性使得服装不仅在市场中能够获得更大价值，还融入了众多的情感因素以及文化气息等。将 3D 打印技术加入现代服饰中，体现高科技给服装文化带来的前卫魅力和不同的审美蕴意。其中以艾里斯·范·荷本的打印杰作为例，不论是使用的新型材料还是服装繁复的结构造型或是色彩等各方面，她每年的秀场服装都极具创新，给观众带来不一样的视觉冲击，具有极高的审美蕴意。

（一）3D 打印技术下的服装自然美

第一，3D 软件建立的立体服装线条自然柔顺，曲率光滑连续。例如，艾里斯·范·荷本利用 3D 打印技术将流动感十足的褶皱装饰造型定格保留，且形态自然流畅，丰富其审美艺术特征。3D 打印下的褶皱装饰实现了传统面料无法做到的硬挺支撑性，使左右褶

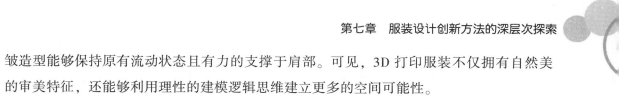

皱造型能够保持原有流动状态且有力的支撑于肩部。可见，3D 打印服装不仅拥有自然美的审美特征，还能够利用理性的建模逻辑思维建立更多的空间可能性。

第二，具有流动变化的层叠线条的肩部造型可通过参数化技术实现。参数化设计并没有特别清晰的定义，但其表现形式较为容易辨认，流线型的表面，大量使用曲线与圆角，绵密的网状结构等。

（二）3D 打印技术下的服装形式美

形式美具有独立的审美特性，其内容是抽象的、不确定的、隐晦的。例如，在艾里斯·范·荷本的设计中利用 3D 打印被定格在美妙的瞬间，感性的水状外观不受内容制约，展现出了一种自由的形式内容，其审美蕴意颇为感性，形式新颖，艺术造诣极高。作品表达了设计师本身对自然界生命力量的崇拜情感，其中 3D 打印水花是相对服装而独立存在的形式内容，其水花形式本身所传达出来的信息，即是设计师欲表达的设计情感意味。

第二节　解构主义在服装设计中的运用

"解构主义主张利用夸张、失衡的手法进行艺术创作，其作品往往具有深刻的文化内涵。服装设计行业正处于传统设计变革阶段，将解构主义应用于服装设计可以缓解变革期的矛盾，丰富服装设计的创新思维体系。设计师需要对解构主义有一定了解，并科学安排各种图案、色彩的搭配，运用多变的材料以及新颖的造型丰富服装的设计灵感，设计出兼具抽象美与具象情感的服装。"[①]

一、服装设计中的解构主义诠释

解构主义影响了众多领域，无论是历史学、社会学还是艺术、文学，都可以看到解构主义的身影。如果简单一点来看解构本身，可以将其看成是一种对传统固有结构的反对，又或者说，它是一种对固定结构的分解。解构意味着将原本的中心主义进行消解，打破原有的结构。而很显然，结构的中心对应的是传统文化，所以在另一种层面上讲，解构的特性就表现为反传统与反结构主义。解构的关键在于创新。所谓解构中心，将视角对准了整个的欧洲逻辑中心。对这一中心进行解构，是亚里士多德最早提出的，在他的理论中，灵

---

① 李同长. 解构主义在服装设计中的应用研究 [J]. 纺织报告，2022，41 (9)：63.

魂和物质应当被分开，解构的过程就是对单一的元素进行重组与思辨，人们需要在这一过程中进行思想上的碰撞、交叉，重新建立起一套逻辑体系。而思辨的整个过程应当被定性成是一种状态或者一个阶段，这便是存在主义关注的重点。整体的分解可以从将其看成是一个中心开始，当事物不再只局限于一种变化的可能，原有的中心主义就会发生改变，固有的模式就会迎来挑战，这样原本的思维方式受到冲击就会被打破或者分解。对于服装设计而言，在结构分解的同时也可以运用服装的三要素进行分解，例如款式、色彩和面料，通过解构重组的形式，对这三要素重新建立另外一种审美的标准和创新模式。

如果将"解构"二字拆开，前者有"分开、解开"的意思，后者则意味着"建构、重构"。那么合在一起就可以理解为"分开之后再重构"。对于尚不能明显出现的无意识领域，解构给出了较高的评价，但它对于解构中心分配以及对结构化原则的统一，促进了多元化趋势的产生与发展。解构设计方法是指运用解开重构的思维模式来创造物体创新形象的方法，并根据这种方法应用于设计实践中。"解构主义"是在 20 世纪 90 年代初被引入到服装设计领域中的，解构主义的服装设计师反对现代主义设计的单一性、有序性，希望能设计出各部件的不确定性和独特个性。

解构主义是相对结构主义而言的。结构主义又称为"构成主义"，它是对世界采取结构关系式的、系统式的研究。结构主义强调的是事物各部分的搭配、混合、排列和组合的关系。结构主义兴起于 20 世纪六七十年代，西方社会科学界掀起了结构主义思潮，各种文化领域都受到影响，包括语言学、文学、心理学、历史学、艺术学等。所谓"结构主义"，其实是语言学上的理论。语言学把一个个单词看成是一个个符号，这些符号必须以某种方式连接起来才能完成某种意义的传达。这种把单个符号组织起来的形式被称作语法，也叫结构。

服装结构设计是根据结构和装饰功能来研究服装各个部位之间的关系，从而归纳和总结出结构设计的规律和方法。结构主义到后结构主义经历了漫长的过程，并在不断升级和蜕变的过程中，经历兴起、发展、高峰到衰退的周期，所以它不可能永远处于主导地位。在这个流行周期中，人们审美观念的改变对其产生的影响是相当大的。当这种审美出现疲惫后，人们会渴望新的思想替代它，不管结构主义思想过去模式有多么新颖和超前。但随着社会的不断发展和进步，另一种最新的思想——解构主义在这个时候应运而生，成为一种新生力量和强有力的发展趋势。

解构主义也可以称为后结构主义，是由结构主义发展而来的现代哲学流派，这个流派认为结构没有中心，并具有不确定性，是由一系列的差异性组成。由于部件之间差异的变化，结构也就发生变化，因而结构具有不稳定性和开放性。20 世纪 60 年代中期的结构主义完全超越了盛行一时的存在主义，但随即遭到自身思想的不断挑战——后结构主义。后结构主义的提倡者对结构主义提倡者产生不断的质疑，提出一切事物的现象的单一性是不存在的，所以结构的稳定性也受到质疑，后结构主义对于解构主义的产生有很深的现实价值和历史意义。后结构主义反对本本主义，对形而上学的传统思想进行批判，反对传统结构主义，并把研究的重点放在逻辑性和非逻辑性的关系上。事物或者对事物的认知总是由各个部分构成，这些部分或者元素相互影响和作用从而形成一个整体的结构关系，事物或认知的性质决定人们的思维模式，不是事物本身具有现实性的意义，而是各部件之间相互关系的作用。结构意识的存在很重要，只有结构意识形态清晰，思路才能清晰，才能很快把各元素之间的关系组织起来。

（一）解构主义的特征表现

在服装设计中，解构主义具有以下特征：

第一，散乱：解构主义在服装设计的运用中，一般整体形象都做得散乱、疏松零散以及有很强的变化性。无论是服装廓形还是款式、色彩、比例等方面，部分或完全超脱了传统的服装形制。

第二，突变：是指将几种相互完全没有关联的元素进行分解重构，并把原有的服装结构进行变换或巧妙的转移，创作出更新颖独特的服装。

第三，残缺：指强调服装款式的不完整形式，将服装的某些局部刻意破损或缺失，追求不完整，有些地方特意做出撕扯、残缺、破碎等形态。

第四，失重：指打破了服装的常规结构，通过弯曲、扭转、倾倒等造型手段使服装整体重心有所偏移，制造出即将滑落、坍塌或错位等视觉效果。

第五，超常：即超越常规形式，标新立异，将反常视为正常，刻意避免对称、完整和常见的服装结构。

一般情况下，服装只要符合以上五点特征中的一点或以上，并解构的服装部件有一定的意义，就可以理解为解构主义服装。

（二）解构主义的主要方法

1. 准确地把握同构关系

同构关系，借助"通感"作为基础，同构的运用可以让两个存在物产生关联，即使它们原本可能并不能共通与互容，也可以通过同构完成融入或者产生复合效果。例如，在绘画作品中，人们就常常将两幅作品之中的某种两种元素结合起来，进行全新的组合，以期达到意想不到的效果，二者看似毫无关联，但组合在一起却仍能产生一种自然和谐的感觉。

同样地，同构关系也可以在服装设计中加以应用。这种应用的关键就在于在服装构成上找准元素的共性，在共性之处找到契合点然后进行融合。这样可以看出，在进行解构的过程中，是不需要抛弃原本的架构的。在服装设计中，同构关系的运用更为明显。服装的作用就是遮蔽人体，因此符合人体特征是服装设计要遵循的基本原则之一。以往的服装结构形象是十字交叉的筒状，显然这种固定的结构对于服装设计会产生一定的限制。而要用解构的方法对这种结构进行分解，无论是对人体还是服装，都不能对它们的原本结构形式进行改变。换言之，服装设计中采取的方式要始终满足人体的十字结构。

2. 设计中的多样化表现

对于现代主义设计而言，理性与统一的原则是其在设计中一直不变的法则。现代主义设计发展之初，就代表着设计先驱们的梦想，他们追求理想主义，希望用他们的设计去开创一个理想社会，这个理想社会应当是和谐的、理性的。在他们看来，设计作品之所以富有美感，在于它的统一与和谐。一个完整的作品设计，是风格的统一，也是各元素之间的统一。但随着现代主义设计理念的发展，又出现了后现代主义，这些设计学家的理念与原本的现代主义大不相同，因此难免会出现针锋相对的场面。在后现代设计主义中，人们开始追求另一种全新的设计理念，那就是打破各元素之间的明显界限，达到"两者兼具"的效果、打破"非此即彼"的设计法则。创造中追求一种模糊感，避免一目了然的统一，作品以矛盾性和复杂性为趋势，并以此来对抗简洁。

这两种设计主义彰显了时代背景下设计师们设计追求的多样化特征，他们开始突破原有的思维界限，去寻求一些非常规的、不符合逻辑的东西，去创造新的设计方式，用天马行空的想象丰富设计的形式、个人新的视觉冲击与体验。这种多样化的设计拓宽了设计的途径，使得设计能够融入更加新颖的元素，更加能够面向人们不同寻常的消费习惯与审美追求，并随着社会多样化的需求拥有更多受众，使得其在市场竞争中能够存留下来，拥有自己的一方天地。

二、解构主义服装的内容与风格

（一）解构主义服装的内容

1. 色彩的解构

色彩解构就是以色彩为对象进行的解构。即要在解构对象中找出原色，打破其原有的格局，利用增加或者重新组合的方式进行色彩的重组，从而产生不同寻常的设计形式，给人以全新的视觉观感。如果按照步骤进行划分，色彩解构可分为归纳解构与创意重构两步。归纳是对信息的归纳，重构则意味着在新的作品中注入采集的元素然后完成新服装色彩形象的创造。

（1）归纳解构。如果只看技术，要做好归纳解构就要对色彩的基本元素进行重新设计，例如，色调、性状和体积等。其中，解构意味着要把握作品最为典型的特征，在不破坏原本创作意图的基础之上，进行信息的归纳与整合，使得新的设计形式有明显的设计倾向，从而加深服装的形式与美感。归纳解构的关键在于采集色彩，色彩的采集并非是一个简单的过程，需要从仔细发现开始，对色彩信息进行过滤，在寻找到有用信息的基础上做出相应正确的选择。设计师必须具备归纳与总结的能力，明确自己的设计理念与追求，在色彩本体中找到符合自己设计意图的色彩信息并对其完成解构。色彩解构是一种较为直接的设计表现形式，因而用于设计中更容易让人认可，同时，色彩解构对于表现手法的运用十分多元化，会利用元素大小变化、堆积以及位置改变等方式加强视觉效果，带给人们不同的观感体验。对于服装设计而言，解构方法的运用加深了服装色彩本身的内涵，使得色彩拥有了更多的人文色彩，服装的生活性更强，使人们意识到穿着服装是一种对美的追求，这样就会让人们对服装产生天然的亲切感，从而使得这种设计理念获得人们的普遍认可。同一个图案色彩有时会因为改变了摆放的位置而产生意想不到的设计效果，这便是解构主义的魅力所在。

（2）创意重构。创意重构必须在素材信息收集完善的基础上进行，以想象来进行创作，对素材进行创新性的组合，从而创造出一些独一无二的视觉形式。创作过程中可以结合不同历史时期对于图案和色彩的设计形式，将一些具有特点的、独立的元素进行归纳整理，然后运用不同的工艺技术来创造出新的元素，最后建构成新的具有创新性的服装图案。

2. 造型的解构

从服装的整体造型来看，可以分为外部与内部两个部分。而解构主义在服装造型上的运用就是要打破原有的造型，进行一些非常规的创造，这种创造很可能看上去不太符合常理，但仍旧表现出一种特殊的美感。在服装造型设计中加入解构主义，原有的格局要被完全打破，重新组成的设计结构应当完全不同于原有的设计结构，这使得服装造型解构设计带有一定的否定性，但也意味着一种继承。多变的设计视角是解构主义服装设计充满吸引力的根本原因。在服装造型方面的解构设计，要达到的效果就是改变原有的外部与内部造型，使得服装整体都能够拥有新的突破。

（1）外部结构的解构。服装的外轮廓是外部结构的关键，生活中，人们也是通过外轮廓来认定服装的造型特征的。解构主义在服装款式中的运用，可以完成对服装外形构造的审美设计，也是对原有的款式设计的一种传承。而服装结构设计应用解构主义，需要对人体形态与人们活动的特征进行细致观察，因为服装设计的初衷就是要保证穿着的舒适性，进而追求个性的彰显。

（2）内部结构的解构。对于设计师而言，服装传达其本身的设计意图与设计理念；对于着装者而言，服装传达其一定的情感与审美追求。因此，服装设计并非只是简单的款式与造型的外部设计，服装的内部结构设计也同样重要。基于此，解构主义在服装内部结构设计中的运用也十分常见。服装内部结构的内容包含了许多方面，服装细节处以及零部件的设计都属于这一范畴。解构就是要将原本传统的服装观念打破，重新构建起新的理念，内部结构的结构设计需要对结构本身进行全新的分解与整合，创造出新的视觉效果。设计师运用解构的手法，对服装的某个细节处进行一些特别的改造，例如裁剪出一些特殊的图案，然后再进行一些特别的交叉处理，从而完成创意的重构设计。

3. 材质的解构

服装材料是服装设计不可缺少的元素之一，无论何种造型与款式的服装，没有材料就无法完成。科技的飞速发展使得新型服装材料层出不穷。而服装材料的解构设计则不再局限于传统的服装面料，要通过对材料的解构与重组完成创新性的设计。

服装面料的解构设计体现在对材料的加工处理上。面料设计中，要运用到许多解构主义表现手法，例如，消减与颠覆。这种解构方法可以将材料原有的形式打破，使其拥有全新的质感，这样就可以产生不同以往的视觉效果。除此之外，解构主义还能将非常规材料的特点发挥到最大，设计出更加具有个性化、更加时尚的服装。事实上，设计师在设计之前，就已经通过想象在脑海中对这些常规或者非常规的材料完成解构了。以解构的方式对不同的材料元素进行整合与重组，是设计中十分常见的手法。而这里要注意的是，解构的出发点应当是材料本身，服装风格的设定对于解构有一定的要求，解构要重新对服装的功能进行定义，完成风格的统一，只有这样才能满足不同人对于服装的审美需求。

（1）常规材料的解构设计。在服装设计中普遍使用的材料就是常规材料，解构设计就是对这些常规材料进行分解和重组，对传统的材料应用方式进行拆解，然后建立新的思维应用与审美模式，用夸张等设计形式对材料进行重新加工与组合，然后完成服装材料的解构设计。事实证明，不同的材料运用到服装设计中所产生的效果也有所不同。

就针织面料而言，弹力与柔软度都很好，所以造型设计中可以用来做曲线设计。而梭织面料不易走形，触感较为光滑紧密，所以用于设计中常常会带给人一种舒适的感觉。服装设计师们利用解构设计对常规材料进行创新，可以满足其对各种造型设计的追求。设计师们明确自己的设计意图，选择适当的组合与拼接方式完成材料的结合与搭配，可以保证设计的完成度。而一些新型材料同样可以应用到解构主义服装设计中，特别是一些常规认为不能在服装设计中使用的材料。从服装设计材料的角度出发，对服装进行一些功能与意义上的改造，可以让服装的风格更加明显，更加贴合消费者的需求，人们能够从服装中获得良好的审美体验，就会拓展市场对于服装的需求。

（2）非常规面料的解构。随着科技的不断进步，出现了许多新的非常规材料，新型面料的种类也越来越丰富。而通过技术的加成，一些非常规的材料也可以通过一些解构处理运用到服装设计之中。设计师不断追求设计各个层面的创新，原有的服装面料已经不能满足他们对服装创意的追求，因此，他们不断去发现与寻求新的材料元素，使得材料的使用领域不断拓宽，从而能够设计出更具个性化的服饰。用结构的方式处理非常规面料，能够使服装设计焕发新的光彩，使得设计作品更加生动，提升设计师的设计水平与创作灵感。

（二）解构主义服装的风格

1. 折中的风格

折中是解构主义一种典型的设计方法，设计师往往将不同地域、不同传统文化、不同民族、不同历史时期的服饰元素堆砌在一起，用一种无边界、无标准的模式，在中心与边缘之间存在的矛盾体中寻找设计的中心点，而这个中心点没有任何的倾向性，单纯的中性表达，用新的符号传达出来。在新符号产生的同时，便丧失掉原有的风格。

（1）"繁"与"简"的折中。繁化与简化是折中常见的设计手法。繁化是将多个元素重组，并使某个范式的特征呈现烦琐的效果，有膨胀、丰富、添加的含义，可以突出某个经典的造型和款式。在繁化的折中过程中，将某种元素反复排列、添加复杂的层次感和差异性。简化是将复杂的元素淡化、简化、减少的过程，复杂的多重线条模糊后形成单一的线条，复杂的图案抽象化，在表现上更加含蓄、精简，留白的空间比较大，使联想和参与感更强。

（2）强化与弱化的折中。强化与弱化是相对而言的，强化就是在整体或局部的表现形式中将某一个特点或多个特点放大、加强，相对于弱化比较明显，相对集中，起到强调的作用，在多种风格和样式的前提下，更加突出经典的风格样式。弱化是强化的对立面，是将服装设计元素中强化后剩余的部分进行弱化处理，给人以内敛、模糊的视觉效果。

弱化是将多种材质、元素、结构、造型、色彩等进行模糊化、综合化、碎片化处理，形成分散、简练的款式造型。例如香奈儿服装，在 20 世纪 40 年代推出了简洁、利落的裙装，将当时流行的复杂、烦琐的线条弱化，保留其中的几个基本线条，进行镶边的强化设计，其他标志性的元素均已弱化处理，在色彩上呈现出素雅的视觉效果。

（3）加法和减法的折中。加法是服装解构设计中常用的方法之一。在折中设计过程中，增加单一元素的数量、增加色彩的数量和面料的种类等，将会产生一定的量感和重叠排列的效果。通过加法将不同元素和风格的个体叠加在一起，增加的过程中筛选出优质的元素，将不合理的部分省略掉，折中后形成新的款式。减法是对繁复的元素进行简化和提炼，减掉多余的、不恰当的部分，保留适合的部分，使结构更加干净利落。

2. 融合的风格

融合是通过对各个领域的相互渗透、溶解、调和、扩散，形成两个或多个元素、风格相交融的现象。融合是多元化的折中方式，是将效果调节到最佳状态的过程。融合后的款式是在风格、造型、结构、功能上的优化设计，融合不代表失去原有的风格和特点，而是将多个优势找到共通的支点，在融合的同时凸显出设计师所要表达的主题。

（1）同类融合法。在折中设计中，有同类型、同类别的融合，服装领域的融合都属于同类融合，例如极简主义与解构主义服装风格的融合，现代主义与后现代主义服装风格的融合。同类融合也包含从属融合，一种类别在不断流行的过程中衍生出的一些别的类别，这种主从关系也属于同类融合，如古典主义、新古典主义、泛古典主义。随着元素的不断增加，在剔除与吸收后，形成了新的从属关系，它具有时代的特点，同时又是一个不断渗透反思的过程。两种不同元素相互融合时，有几种可能：两种元素同时溶解，形成新的元素特征；或者提取两种元素的共同点，并将其强化；也可提取两种元素都缺少的特征，并将其放大，一种元素被模糊掉，从而凸显另一种元素。

（2）非同类融合法。非同类融合法就是将不同范畴、不同领域中相互关联或毫无关联的事物相互融合的过程，如服装设计与物联网、互联网相结合。服装除了可穿着外，还被赋予其他功能，如健康监控功能、防护功能、定位功能等，以多元化的视角在范围和跨度上进行全方位的组合，将多种功能融于一体，使服装成为兼容性的新型产品。非同类融合还表现在服装设计与建筑、广告、工业造型、媒体、平面设计等的融合。

融合强调元素与功能创新的设计，融合的过程也是设计师创新的过程，将事物的整体与部件、部件与部件进行融合，将单位元素与整体服装进行融合，将反传统的思维方式进行融合。

3. 反讽与戏拟

反讽与戏拟是解构主义设计显著的风格特点。现代服装设计采用的是理性的设计手段，而解构主义服装采用的是调侃、非理性的方法，大多解构服装作品带有一定的反叛、讽刺、趣味的含义。解构主义服装不追求服装背后形而上的意义，而是通过反讽与戏拟的形式破坏传统服装所强调的常规、伦理等束缚，并强调参与，强调人的参与性，追求残破的、滑稽的、怪诞的美，一步步成为当下人们对美的态度。反讽、戏拟的解构主义服装通过抽象、有趣、戏剧化的处理给人以最大化的想象空间，它可以让穿着者在持续紧张的环境中，不断对视觉进行刺激来使大脑更加清醒。

于解构主义本身而言，其创作理念一直倾向于虚无主义，最明显的表现就是创作的无中心以及无目的。在解构主义的创作理念中，高雅与低俗的风格之间并无明显清晰的界限，而更多的是表现出一种讽刺与戏谑传统的意味。解构主义设计会将传统的元素进行分解和重组，打破原本历史、民族以及现实等的固定形式，秉持着一种幽默、讽刺以及超然的设计态度，形成一种新的创作风格与创作理念。反讽以及戏拟是解构主义设计师所追求的设计风格，主要体现在设计中所运用的元素上，这些元素一般都是不确定的，且带有很强的随意性。而反观现代主义设计，设计中常用复制的方法，设计过于机械化，无法彰显作品的个性与活力。解构主义却恰恰与之相反，虽然在风格上一直是以反讽和戏拟为主，但是其在设计中却追求对自然环境的保护。解构主义设计认为现代主义给人类社会带来了一定的伤害并对此质疑，他们将"绿色设计"的理念融入创作之中，在全时尚界引起广泛关注。与此同时，解构主义设计还十分关注民族以及地域等元素，并依据差异性原则，在融合民族与地域特色的同时，还能够关注个性化与开放性。

（1）嘲弄传统服装风格。在解构主义服装设计中，一直关注并坚持无主题、无目的以及无中心的设计理念，他们想要打破传统服装固定的设计风格与手法，就创造出了一种新的设计手段——嘲弄。对于嘲弄本身而言，一般并无固定、严谨的模式，而是可以随意发挥，随意性极强，即使是十分怪诞的想法也能够让服装发生一些非同寻常的改变。无论是什么样的元素，都可以将其运用到服装设计之中，完成某种有趣且新颖的组合，从而增添了服装设计的趣味性。嘲弄的设计形式常常表现为一些夸张、怪诞的设计风格，给人一种新鲜的审美体验。

（2）以戏拟方式连接文化碎片。与现代主义服装风格不同，解构主义服装并不延续现代主义严肃、认真的态度，而是与其相反，甚至对现代主义的服装风格体现出一种嘲讽。解构主义设计对现代主义的设计元素质疑，并利用一种新的方式——戏拟进行设计组合。

第一，以趣味性完成调侃。用戏拟的方式进行服装设计，造型上颇为大胆，而且并不局限于服饰原有的文化背景，而是趣味性更强，以多种元素混合的形式，营造出一种古怪和另类的设计之风。

第二，打破结构，形成破碎感。对于现代主义设计风格的服装而言，在服装结构上必须保证一定的完整性，但是解构主义服装设计与之有很大的差异，其设计中所用到的部件及元素都是没有关联性的，更谈不上所谓的逻辑关系。在解构主义服装设计中，很难看出作品的整体灵感来源，因为设计师往往会通过碎片化的形式来展现不同的历史文化背景，这就加深了服装设计风格的破碎感。

第三，用图案完成反讽。显而易见，图案已经是设计中必不可少的元素。在解构主义设计中，设计师们同样深谙这一道理，将图案元素运用得淋漓尽致。在他们的设计中，对图案的运用已经超出了常规化。一些怪异的符号以及搞笑的景象都有可能经过加工处理出现在服装面料上。设计师们同样也会利用一些传统图案，将他们进行分解然后重新组合运用到服装设计之中。有时候这些图案的拼接与重组都是即兴发挥的，这种随意性也体现出了解构主义设计所蕴含的生活态度，即关注不同个性的人的情感，打破原有的束缚与限制，不管是什么样的事物，都可以被运用到反讽设计之中，从而增强设计作品的个性化与趣味性。

4. 风格的泛化

对于服装设计来说，其主题可以选择任何一种元素，但是风格却不是固定的，这便是解构主义风格的泛化。在解构主义的设计之中，设计风格可以拥有过去某个历史时期的特征，也可以拥有未来主义的设计风格，即这种风格可以将一些元素进行组合而创作出模糊的风格。

（1）作品构思的模糊。对于现代主义服装来说，它们的设计主题都是相对明确的，设计师们有了明确的主题设定之后才会进行构思。而在解构主义服装设计中，设计师在设计之前对于风格与主题都没有清晰明确的设定，他们大多的设计都是即兴的，因为各自的经历与经验不同，所以会产生不同风格的设计，这种情况下设计出来的作品，反而会呈现出意想不到的效果。

当然，服装设计风格并非是漫无天际的，各种设计风格之间一定有关联，而解构主义的特点就是会将他们之间的关系以及时间上的交错全部打破，使之朝着更加多元的方向发展。设计中不仅要面对过去，还要超越过去，这就使得作品设计呈现出一种两面性的特征。而折中性也是解构主义风格的一大特性，对传统的整合与折中需要借助选择和重组来完成。未来的构思中同样蕴含着过去的痕迹。这种关系的重构体现出服装设计极大的开放性。

（2）创作手法的多样性。将解构主义用于服装设计之中，需要借助的设计手法十分多样，这些设计手法的来源十分广泛，不同民族、地域以及历史还有流派的特色都可以在解构主义服装设计中实现融合。这种创作手法的初衷并非是对过去传统风格以及服饰文化的重塑，而是想借助这些丰富的设计手法使得服饰的经验与技术获得新的提升。在解构主义服装设计中，创作要在传统的元素中汲取经验，同样也要打破传统服饰观念的束缚。这种多元化的创作手法，使得解构主义的设计风格更加多元化，艺术表现力更强，同时也表现出设计风格的开放性与包容性。在很大程度上，风格的泛化可以有效地避免艺术流派间的争斗。

（3）反理性的创作。反理性的创作同样是解构主义服装设计的一大特色。深谙解构主义设计风格的设计师，不会按照一个固定的风格去完成设计前的素材搜集，也不会以固定的模式去进行设计构思，而是注重设计中所迸发出的灵感，对他们来说，即兴发挥有更深的魅力。在现代主义服装的影响下，他们的设计需要打破传统服饰观念的束缚，对各种元素进行重组与整合，而组合的方式完全可以凭借自己的灵感以及当下的感受，这种设计本身就是一种反理性的表现。当然，反理性的创作必然是以理想创作为基础的，但是它同样冲破了原有的确定性的限制，不再遵循所谓的中心主义，它表现出即兴的特征，同时也减少了一定的文化负担。

三、解构主义服装设计的方法运用

（一）打散与重组

解构主义服装设计指的是需要拆分以前的服装元素，然后再根据需要重新排列服装元素，整合成自己需要的独一无二的服装结构和上身效果。解构式的设计会使原本不可能结合在一起的服装要素统一起来，使成品形成脱离传统意义的服装，这样解构服装元素的设计方法是新颖的，但也是不合乎常规的。解构服装的时候，可以单独对待服装元素，例如衣服的领子、袖子、扣子和衣摆这些元素。将它们平等地对待，不拘泥于衣服原来的服装要素摆放，例如袖子的元素可以做成围巾，而以往主要的元素可能会不再占据主要地位。在解构主义的设计方式中，可以不划定具体的元素定义。打散设计方式是将已完成的服装逐一拆解，根据设计者的需求和构想，以及预先设计好的草图，重新调整服装的比例，打破原有的结构。经过打散的服装的各个部位又可以经过设计形成新的服装。打散的设计手段可以帮助设计者不再拘泥于旧有的服装结构和元素位置，而是可以利用一些裁剪、抽拉、缝纫等方式处理这些服装元素，制成与旧有的服装完全不同的效果。打散就是为了组成新的服装。打散服装结构，再重新组合服装元素，可以将服装变成质感、纹样都不同于以往的全新的服装样式，使服装最终变成整合后的全新模样。

组合是将已经打散解构后的服装元素进行重新组合，要么是将服装视为整体，要么将多种要素的结构视为特点，通过不常规和无秩序的组合方式整合服装，组合起多种元素，形成与旧有的服装完全不同的样式和新颖的上身视觉效果。组合可以突破所有限制，例如组合可以将主流元素和非主流元素结合在一起，将不同时期不同风格的设计元素和方法应用于同一件服装设计中，使其成为完整的、多元的服装整体。服装设计者可以用不同质感的服装材料，将其组合在一起，使服装可以同时拥有极致的冲突和整体的和谐。这样打破传统的创造服装样式的形式制作出来的服装会使人感到清新脱俗又大胆，吸引着人们的目光，而且还增加了服装的设计层次和质感。

（二）拼贴与堆砌

解构主义解构服装经常用到的方法就有拼贴这一方法，这种方法可以混合多种元素。拼贴的方法不像一般设计手法那样只能运用一种或两种面料，而是可以根据设计者的构想运用多种需要的面料进行裁剪拼贴。按照面料的特点，将面料拼在同一件服装上，可以获得风格多变的衣服。拼贴可以将不同的服装元素和面料以及剪裁等拼接到一起，使服装显现出多元的设计要素。拼贴可以使得服装变得千变万化。拼贴的手法有很多，例如按照元素拼贴和按照图形拼贴等，不同的拼贴手法会造成服装设计结果的不同。服装面料的采用也是设计者考虑的重要因素。面料的采用是服装的基础。当面料在设计者手中被拼贴成服装的一部分时，它就不仅仅是一块面料了，而是成为服装的一部分，可以与人类的生活产生交集，被人们使用。服装不仅是由面料组成，它也需要被人们穿在身上，为人们带来实际的体验。

其实，拼贴不只可以混合不同的服装材质，还能够拼贴不同的图形和图案，突破时空的限制。将不同时期的服装元素放在同一件衣服上，也可以将不同地域风格的元素放在一件衣服上，这样就与旧有的服装常规样貌非常不同了，可以增加服装的有趣性，也可以使服装变得更加耐看，而且还增添了一些服装的细节，使面料更加灵动。拼贴是不一样的元素组合在一起，会因为设计者的想法不同或是设计方式的不同而形成不同的结果。这些元素被解构又被重新组合后，会散发出不同于一般服装的灵动感，使人们注意到服装微妙的细节变化。

拼贴会将服装的各个元素随设计者心意融合在一件服装上。而堆砌指的是将多种不同元素的面料叠放到同一个位置，使其形成夸张的灵动感和错乱的联系，而且也可以把不同时期的服装元素叠放在一起。这样的设计方法看着给人一种随意的感觉，但其实是设计者提前设计好的效果，这才能够使人们接受这样的服装。这样的设计方式会使衣服有着夸张的造型，使人感到华丽、庄重。

（三）变异与夸张

变异在服装设计中指的是突破常规、并形成新鲜的东西的技法。用解构主义进行服装设计，可以用到变异的方式改造服装的样貌、裁剪和结构，从而形成从没有过的服装设计风格和服装结构，使人印象深刻。服装设计者利用解构主义将人的形体应用于服装结构，从而使服装不再是常规的、有序的、统一的，而是拥有破败、模糊、无序的不确定的异化成效。

夸张的手法是指利用设计者的构思来夸张化事物自带的特点，在设计服装的过程中夸张化服装的外表，放大事物的各个元素，放大其灵动感和特点，使解构主义设计出来的服装可以在各方面打破人们对服装的固有认知。夸张化服装的元素不等于只是放大，还可以缩小它们的比例。服装设计常用的方式就是夸张。夸张的手法用好了就可以使服装变得有张力且引人注目。夸张手法可应用于服装的比例和外形等方面。

（四）转换与交互

1. 转换

在解构主义服装设计中，转换法这种设计方法更具灵活性，它的特征就是可以经过转换的形式将不同的部位进行新的组合，创造出新的设计。主要有三种常见的手法，具体如下：

（1）转换长短。长短的转换意味着要选取服装的某个部位或者在整体上对长度进行改变，改变的方式有很多种，其中最为常见也是最简便的方式就是一些长短裤、长短袖的转换。这种转换可以直接对服装的长度进行拉长或者缩短，所形成的服装样式呈现出多变的特征。

（2）转换维度。对维度所进行的转换是站在横向的角度上来进行的。例如，对松紧的转换，常见的是给服装加上抽绳、纽扣，这样就简单地改变了服装的维度，即对服装进行一定的放大与收紧。当然，维度的转换在某些时候会影响造型的整体效果。

（3）转换开口位置。开口位置的转换即对服装的开口处做出相应的改变。如果开口位置发生变化，服装的整体款式也有可能出现一定的变化。这种转换可以是同属性的，例如上装与下装、正面与背面的互换，它们的开口细节有一定的相似之处，所以转换的过程比较简单，但是效果却十分明显。除此之外，还有其他不同属性之间的转换，这些都能为服装的整体风格添彩。

2. 交互

交互法的关注点就在于设计师与穿着者的共同参与过程，打破了常规被动穿着的结果，强调参与的过程，将人们多感官体验充分发挥出来，使每一个穿着者都可以成为设计师。交互法主要应用在对功能解构的服装设计上，款式的多变由服装设计师完成所有的可能性，然后再由消费者去完成所有的变化过程。大体上通过围裹法和扣合法的形式来完成。

（1）围裹法。围裹法的雏形应该追溯到古罗马、古希腊时期经典的围裹性服装，利用宽幅面料对人体进行围裹，这种形式富有多变性，每次围裹的结果都会有一定的差异，解构主义的服装设计就是要利用这种差异使服装产生不同的造型和功能。面料一般采用具有一定弹性的面料，这样自由度和舒适性都会有所提高。首先设定好面料的长度和预留的长度，然后运用系、扎、交叉、缠裹等方法将面料集中在人体的支点，如颈、肩、腰等部位。围裹法比较随意，所展现的款式比较多变，所以穿着者可以根据自己的身材特点进行多种变化，同时可以与设计师互动沟通，将款式的多样性发挥到极致。

（2）扣合法。常规的服装一般有一种扣合的方法，即扣与扣眼之间是相对应的关系，但纽扣之间不能相互交叉转换。而对于解构主义服装来说，扣合法是服装设计的一种常用技法，而设计的亮点集中在扣合的面料大小、长度以及扣合的数量和位置上，当扣合的面积较大，扣合的数量和位置增多时，服装款式变化的空间就会加大，穿着者穿搭变化的可能性就越大。

四、"解构式"一衣多穿服装创新设计

一衣多穿的意思是说一件衣服可以有多种的穿着形式，或是可以通过衣服上自带的抽绳等设计改变造型，或是可以重新组合一件衣服，使其能够变换各种样貌，从而达到没有固定的服装造型的服装设计效果。对于设计服装的人来说，一衣多穿的设计与解构主义服装设计是有相通之处的，那就是这两种方式都利用"解"和"构"的方法来体现服装的多变性，使服装拥有更多变的样貌和更实用的穿着功能。并且，服装变化成的每一种样子都能传递出设计者不同的设计理念和态度。这点对于购买服装的人来说，可以利用不同穿着方法体现不同的穿衣效果，既可以增加穿衣乐趣又可以体现穿衣者的不同态度。与常规的服装相比，一衣多穿的服装可以使穿这件衣服的人拥有自由发挥的权力，可以根据自己当天的心情和需要，在多种形式中选择自己想要的服装样式，而且还可以体验一件衣服当好几件衣服穿的乐趣，成为这件服装的第二创造人。

（一）"解构式"一衣多穿的服装设计原理

一般而言，服装的设计和剪裁是相关联的，而剪裁是遵循一定的规律的，所以在某种

程度上来说，服装结构设计是需要遵循规律的，是死板的。但是一衣多穿的设计就不是这样，它可以没有规律的变化。一衣多穿可以设计出突破传统的服装，可以创造出大胆前卫的服装外形。

设计者设计服装时，需要从主体和客体的视角审视设计作品，使创作出来的服装不仅自己满意，也能使消费者和大众满意。

1. 服装外轮廓的消解

近代时期，西方的服装发展主要围绕"形"的变化而展开。中世纪后，服装的性别特征更加明显。男士上衣的变化大，女士下衣的变化大。这时期的服装设计注重结构，设计者们追求极致的服装外轮廓。如今的服装设计并不这么痴迷于外形，因为现在的审美更加包容和多元，并且设计者也可以随意创作服装。其实解构主义设计师依旧追求服装外轮廓，但是并没有延续中世纪后的设计理念，而是对人与衣服有了新的审视，从而解构成全新的外形。

2. 服装省道与分割线的解构

省道与分割线是服装结构里必不可少的两个要素。省道的作用是使服装更贴身。在解构主义的设计里，省道是直接用在服装上的，就是为了不拘泥于人体的结构，使服装有独立的外形。换言之，省道在解构主义的设计里一定会被用到。而且，省道的位置可以根据设计者需求而变化或转移。别的造型方式还有很多。设计者应用多个手段设计服装，从而使服装造型更有层次感，更具吸引力。

（二）"解构式"一衣多穿的服装设计特点

"解构式"一衣多穿的设计方式经常是需要外形设计和剪裁并行的。剪裁不断演变的过程是非常久的，从以前的二维剪裁发展到三维剪裁，如今有了二维三维结合的剪裁方法。现代的一衣多穿服装设计里经常能够看到这种二维三维相结合的服装剪裁。

解构设计方式主要是体现了打破常规的想法。解构式一衣多穿就没有拘泥于常规的服装设计与功能，也没有考虑旧有的服装设计思路。设计者不会事先进行服装设计，而是在剪裁服装的过程中，按照自己的心意剪裁，使服装的设计尽可能地还原设计师内心的想法，表达自己的态度，使服装可以根据穿着人的需求随意变换功能和造型。解构式一衣多穿型服装是可以根据需要变化的，可以使穿衣人发挥自己的想象力并传递自己的态度。

第三节 仿生方法在服装设计中的运用

"在现代服装设计中，仿生理念受到了很多顾客的认同，将仿生元素与服装设计进行合理的结合，体现服装设计的前卫思想，提升服装的市场价值高度。[①]"认识与理解服装仿生设计，可以从广义与狭义两个方面上进行。从广义层面上来看，它是一种对自然生物存在的美感进行揭示，并将这种美感应用在设计领域的设计活动；从狭义层面上来看，它是服装各要素、部件等对自然界的生物体进行模仿的设计活动。

一、仿生方法在服装设计中的运用流程

（一）收集并确立仿生形态

设计师首先要做的就是要对不同服装消费全体所具有的审美理念进行分析，同时还要了解他们所喜欢的衣服风格，之后结合自身的服装设计理念展开对仿生形态的收集与确立。这一环节的顺利实施对设计师有着很大的考验，需要其具有较强的观察力，能对生活中的各种自然之物予以全面观察，同时还要具有很强的创作能力，能将自然之物带来的灵感及时运用在服装设计中。在收集完所有的自然形态之后，还需要对这些形态进行全面的分析，分析完毕之后就需要综合各种要素选择出一个比较理想的形态。这一环节非常重要，是设计师开启创作活动的基础，如果无法对自然形态进行全面的收集与分析，那么后续的仿生活动将很难开展。

（二）把握仿生的基本特征

第一，仿生特征的提取。每一种自然形态都有着十分复杂的结构，因此，其所传递给人们的视觉信息是不一样的。人们接收的视觉信息不同，其所获得的心理感受也就会存在明显的差异。这就要求设计师在具体的设计过程中应该不能过于依赖各种自然形态，不能对其进行机械模仿，而是要充分发挥自己的主观能动性，对其进行要素提炼。提炼的过程并不容易，毕竟自然之物的形态十分复杂，究竟哪一部分结构可以被应用于服装设计中，则需要服装设计师进行深入考量。倘若设计师一直无法完成仿生特征的提取工作，那么，

---

① 晏栖云. 仿生元素在服装设计中的融合与应用 [J]. 化纤与纺织技术，2021，50（8）：125.

其需要对自然之物的主要形态特征、次要形态特征进行分析，要突出前者，弱化后者，这样，最后的服装设计才会更具亮点。

第二，仿生特征的简化。对自然特征进行提取，设计师需要面临着十分严峻的挑战，这些自然元素应怎样合理地被应用在服装设计上，这是一件需要设计师认真思考的事情。因为几乎所有的自然形态都十分复杂，如果全部应用显然不现实，这就需要设计师对这些复杂的自然形态进行简化。

（三）确定仿生的设计方法

当自然形态被简化完毕之后，设计师下面应该考虑的事情就是选择合适的仿生方法。仿生方法有很多，不仅包括形态仿生、结构仿生，而且还包括色彩仿生等，具体使用哪一种仿生方法需要设计者根据自然形态的特征、服装设计的需求等确定。

（四）实施具体的仿生设计

依据选定的仿生方法将已经提炼、简化完毕的自然形态运用到服装设计中，同时要将所有的形态元素整合起来，并对其进行适当的变形，从而使其更加符合服装设计的实际需求，然后要绘制服装设计草图，这一环节也十分重要。前面的环节都是设计师在找设计灵感，而这一环节就是设计师将自己的灵感落实到设计上的环节，在这一环节中，设计师会将自己的所有想法都落实到图纸上。而在绘制图纸的过程中，其又会完成新一轮的思考，这样，设计师的设计理念在被落实的同时，其设计思路也会变得更加清晰。设计师的草图绘制工作也并不容易，这期间需要其进行大量的修改工作，最后才能定稿，制作样品。

（五）完善仿生的服装样品

样品完成之后还需要进一步的完善，这时设计师就不能仅仅考虑细节问题了，而应从整体考虑，考虑经过提炼之后的自然形态是不是与自己的设计理念相符合，成品能否将这方面的内容反映出来。此外，还要结合仿生设计的特性，从不同的方面对服装样品进行评估，全方位的评估能让设计日趋"完美"。

二、仿生方法在服装设计中的运用方式

（一）服装造型上的运用方式

设计师运用仿生手法设计服装造型可采用不同的方式，一般所采用的方式主要有两种：第一种为整体写实法。不对自然万物本身的形态进行调整，直接使用，然后直接套用其形态轮廓；第二种为局部借鉴法。对自然之物的所有形态特征进行分析，并从中提炼出某一有用的特征，并将其运用在服装设计中。

（二）色彩与面料上的运用方式

仿生元素在色彩与面料设计中的应用方式有很多，不仅包括重组变形，而且还包括色彩自由等方式。结构是"自由"的，没有特别严格的限制，在这种情况之下，设计师要进行结构创造，就需要对仿生对象的诸多方面进行解读。解读的方式也是多种多样的，可以利用直观方式进行解读，也可以利用抽象思维方式进行解读。在面料元素仿生设计上，设计师当然不能使用动物的皮毛，而是应该使用人工制造的材料，这在诠释仿生设计理念的同时，也在传达一定的创新理念。

（三）图案与配饰上的运用方式

这里可使用的方式也有不少，设计师一般使用的方式主要有以下两种：第一种为直接运用方式。对动植物本身就存在的图案、色彩等原封保留，然后利用恰当的仿生手法将其运用在服装配饰设计中，从而使设计变得更加合理，也将仿生设计理念很好地传达出来。第二种为间接移用方式。对动植物中的各种细节要素进行重组，并将重组的结果运用在服装设计中，使服装设计得以创新，这样，服装就具有了"个性"，人们多样的审美需求也能得到满足。

三、仿生方法在服装设计中的运用实践

（一）服装设计的形态仿生

1. 具象仿生

人们直接将自己观察到的自然之物的形态运用到服装设计中的方法就是具象仿生。这一方法具有两大明显的特征：一个是认知性；另一个则是现实性。在中国的仿生表现手法中，这是一种最直观的手法，其直观性不仅可以从设计师对自然之物的外部轮廓的应用中体现出来，也可以从设计师对自然之物的内部结构的应用中体现出来。这一方法有其明显的优势，也有其明显的劣势，因此设计师在具体运用时一定要辩证地考虑。

2. 抽象仿生

抽象仿生这一方法并不特殊，它依然与其他方法一样，也是将自然形态看作是模仿对象。但需要指出的是，随着人类对客观事物认识的加深，人们运用模仿的方式追求形态美的情况发生了变化，过去那种依靠形态模仿的方式已经不是唯一的方式，联想的模仿产生了。设计师以复杂的自然形态为基础，并利用自己的发散性思维展开联想，从而使自然形态特征能有各种不同的变化与组合。基于联想的方法能让各种本来并不突出的自然形态变得更加丰富，更重要的是，能使形态的秩序美展示出来。

抽象仿生与具象仿生是有着本质差异的，与后者相比，前者并不直观地展现自然形态的形式要素，而是要在更加深的层次揭示自然形态的规律。抽象仿生更加注意将自然形态的本质性的内容揭示出来，同时还能将各种具体的元素进行抽象化，从而使元素获得简化。

3. 意象仿生

相比具象仿生与抽象仿生，意象仿生又是十分特殊的，它不仅在美学观点上更加与精神传达相贴近，而且还在设计理念上更加与精神传达相贴近，其体现方式主要包括两种：一种为以形传神的方式；另一种为看形思意的方式。从本质上来看，意象仿生就是一种思维方法，且这种方法具有很强的创造性。而且，最为重要的是，其所形成的视觉符号具有概念性与隐喻性的特征，就是因为如此，运用这种仿生方法进行的服装设计往往具有人文色彩。

设计师都有着自己的主观性，即使他们使用的是一种仿生方法，但是其对同一形态特征元素的认识也是不同的，所能产生的意象感受也是有天壤之别的。这也是为什么设计师的设计总是能具有个性的原因。而且，当设计师将自己的主观情感、综合素质等融入服装设计中时，服装设计将会上升到一个新的层次。

（二）服装设计的色彩仿生

色彩仿生能让自然界中五彩斑斓的色彩在服装设计中获得广泛的应用，其能发挥积极的作用：首先，能让人类的生存环境与自然环境在更高的层次上达到统一；其次，能对人们的情绪进行调节；最后，能给人带来一定的视觉感受与心理感受。这是一个节奏很快、压力很大的现代社会，在这个社会中，人们更加渴望看到更多的自然色彩，正是因为如此，设计师便会到自然中探寻更多的色彩，并将其运用在服装设计中。

1. 单色仿生

大家比较熟悉的红橙黄绿青蓝紫就是我们所说的单色，但是要说明的是，自然界中的颜色是丰富多彩的，所谓的单色并不仅仅指这些色彩，它可以是色相环上的任何一种色彩。需要强调的一点是，单色仿生绝对不是简单的对同一色彩的仿生，它也可以指对同一单色单明度不同的色彩的仿生。

2. 多色仿生

综合自然界中的不同色彩，并对其进行仿生，可以表达不同的视觉效果。很明显，多色仿生就是利用不同的色彩进行仿生，不过，尽管使用的色彩不少，但主体色彩不多，一般为 1~2 个，其他的色彩的作用就是点缀主体色彩，就是主体色彩与辅助色彩的结合才让仿生服装的色彩变得和谐。

（三）服装设计的材料仿生

在科学技术的发展以及新工艺不断涌现的背景之下，各种新的材料问世，这给服装设计带来了发展的机遇。服装设计涉及许多要素，服装材料就是其中之一，材料的不同，服装的风格也会不同。

1. 面料仿生

对生物表面的自然属性予以模仿，并将模仿的结果运用在服装面料传达与肌理体现上，这就是面料仿生。当前，服装设计面料的种类越来越多样化，正是因为如此，服装设计才有了更多可能性。例如，过去人们进行服装设计时会将鸟身上的真羽毛运用在服装设计中，但是，现在技术进步了，人们利用仿生方法可以制造出逼真的羽毛。

2. 肌理仿生

设计师利用一定的艺术表现手法使服装表面呈现出与一般自然之物相似的起伏效果与纹理状态，这就是肌理仿生。利用这一方法进行服装设计时，不仅能将自然之物的平面状态表现出来，也能将其立体状态表现出来。肌理效果能将自然之物的美反映出来，在现代，人们可以借助特殊的印染法和编织手法呈现自然之物的肌理，从而使其美可以在服装设计中得到延展，这也表明，当前的服装材料仿生已经有了很大的进步与发展。

（四）服装设计的功能仿生

认识服装的功能仿生可以从以下三个方面入手：

第一，防护功能仿生产品有很多，例如我们熟悉的雨衣，雨衣的防水设计其实就是对荷叶表面蜡状物的模仿。具有防护功能的仿生设计不仅能将服装的专业性体现出来，同时还能体现其安全性，正是因为如此，人们才能穿着一些特殊的服装去做一些相对比较危险的事情，并使自己的安全得到保障。

第二，隐蔽功能仿生设计的应用领域主要集中于军事领域，军事迷彩服就是根据变色龙的皮肤变化而设计的。变色龙能根据周围环境的变化而变化自己的色彩，从而使自己可以与周围环境融为一体，这样，其就能保护自己。对于士兵来说，其身着军事迷彩服的目的也是隐藏自己，使自己不被敌人发现。

第三，提示功能仿生让人们在穿着这类衣服时能迅速为其他人所识别，例如，在夜间，交警穿的工作背心是一种由荧光材料制作的衣服，这就使其在漆黑的夜里为他人所看见，这样就能增加其安全性。这类服装的仿生灵感与萤火虫有关，因为萤火虫就会通过发光来提示自己的存在。

第四节 绿色与可持续发展理念下的服装设计探索

一、绿色设计理念下的服装设计

"近年来，随着生态环保意识的逐渐增强，绿色发展理念油然而生。而服装作为支撑我国构建完整社会经济体系的重要基础产业，其在时代不断变迁过程中自然也受到绿色发展理念的深刻影响。"① 绿色设计理念也可以被称为生态设计理念，它是一种能对产品的环境属性进行深入考量的理念。绿色设计理念在服装设计中的应用是极其广泛的，它贯穿于服装设计的所有环节中，所有的环节都需要符合绿色环保的理念。人类之所以提出了绿色设计理念，主要的一个原因就是现代人对环境造成了破坏，这导致地球上许多珍贵的自然资源都陷入了生存的困境，尤其是工业污染已经成为影响自然资源的重要因素。鉴于全球生态危机的产生，有些人提出在设计领域应该坚持绿色设计理念，运用这一理念完成更加简约、环保的设计。绿色设计理念应用于服装设计之中，起着主导作用的一个论点就是人与自然的关系，必须要对人与自然的关系形成正确的认识，人不能支配自然，而是应该与自然和谐相处。不同国家的设计水平不同，对绿色设计的认识也不一样，不过，从设计领域的发展情况来看，绿色设计已经成为设计界不断追求的目标。

（一）绿色设计理念下的服装设计表现

要进行绿色服装设计，需要考量的因素有很多，不仅要考量服装材料，而且还要考量

---

① 王苏娅. 基于绿色发展理念下的服装创新设计研究 [J]. 棉纺织技术，2023，51（5）：102.

服装造型与色彩等方面，这些基本的服装设计要素必须要与绿色服装设计理念相一致。换言之，不仅要达到环保要求，而且还要满足人们对服装设计的需求，这里的要求主要指的就是健康要求。正是因为如此，在进行产品开发时，要将环境保护理念贯穿在设计的每一个环节中，要对产品的环境与商业价值予以考量，同时还要所有的产品环节是不是都不会对人们的身体健康产生不好的影响。

1. 服装用料方面

影响服装品质的要素有很多，其中一个比较关键的要素就是用料的选择，因此，在进行绿色服装设计时，设计师应该选择一些环保面料。服装设计师要对不同面料的性能做到全面的了解，同时还要清楚地知道不同的环境对面料产生的影响，更为重要的是，还应该充分考虑消费者的需求，并在需求的推动下研发更具绿色的服装面料。在科学技术的帮助下，各种比较新颖的面料层出不穷，但是基于绿色设计理念，设计师在选择材料时要慎重，应该选择那些无毒无公害的纯天然面料，例如棉麻纤维、大豆纤维、植物纤维等合成的纤维面料。这种纤维面料是一种环保面料，它可以被回收进行二次加工，而且即使没有被回收，其也不会对人、对环境造成伤害。而且，这种面料还能提升整个服装的质感，让人穿起来也比较舒服。在加工环节也要注入绿色设计理念，基于这一理念，不能再沿用过去的印染和漂洗工艺，而是应该要注意多使用刺绣、拼接和扎染等工艺，对服装面料进行新的加工，一方面让服装变得更加"健康"，另一方面也会让面料变得更加具有立体感。

2. 服装造型方面

在服装设计的众多要素中，造型设计是其灵魂所在，它让服装变得美观，同时也能给穿着者以美的感受。进行绿色服装造型设计时，设计师首先考虑的应该是人体舒适感，在全面追求环保的同时，还应该保持服装的美观，这样，服装的造型设计才能实现人与自然的和谐。因此，设计师不能固守原本的设计理念，延续过去生硬的设计，而是应该围绕人的穿着舒适感进行设计，追求环保、实用与简约。

绿色造型设计当然要考虑人们穿着时的舒适感，但除此之外，美观也很重要，而造型设计就是体现美观的一种有力的手段。在服装上加入一些装饰性的部件就能获得新的造型，这其实就能展现服装的美观。尽管绿色服装设计并不完全强调美感，但是从服装的基本追求来说，美观是必需的。因此，设计师在进行绿色服装设计时，可以单独设计不同的色彩、面料、造型的部件。当人们有穿着的需求时，其可以根据自己要去的场合进行部件的随意搭配，这样，穿着者的设计理念反映了出来，同时服装的使用周期也得到了延长。这种服装设计理念与手法已经成为绿色服装设计的主流，这是因为它不仅能满足人们对个性化服装的需求，而且还能让人们的绿色着装理念得到了体现。

　　绿色服装造型设计并非易事，设计师需要不断地提升自己，对绿色设计理念有更加清楚的把握。要综合考虑多种问题，不仅要考虑服装造型的美感问题，而且还要考虑怎样利用服装实现人与自然的和谐问题。因此，对于绿色服装设计师来说，其工作并不容易开展，它要兼顾的事情有很多，既要兼顾服装的绿色、美感要求，而且还要兼顾穿着者的环保要求。

3. 服装色彩方面

　　人们看到服装的第一眼其实最为关注的就是色彩，设计师使用的色彩其实在一定程度上也能诠释出其设计理念。绿色服装设计重视展现人与自然的和谐美，因此，在这类设计的色彩搭配上也要与设计的整体观念一致，也就是要将自然的感觉呈现出来，让人们看到服装的色彩搭配时就会有一种自然、舒服的感觉，仿佛回到了自然界。在进行色彩选择时，应该多选择一些自然色，自然色是人们非常熟悉的颜色，人们一抬头就能看见的天空色，一转头就能看见的树林色等，都是设计师在进行绿色服装设计时经常使用的颜色。这些颜色因为与人们的日常生活息息相关，因而人们能更为轻松地理解它们，也能从中获得美的感受。自然色在印染时也要选择合适的染料，不能使用化工染料，而是应该多使用植物染料，当然，为了最大限度上保留自然的味道，设计师也可以将自然色原本地保留下来。自然色的选择与搭配，植物染料的使用，等等，都能让绿色服装设计更具"绿色"。

（二）绿色设计理念下的服装设计应用

1. 自然主义风格的应用

　　在人类物质需求不断被满足的同时，其产生了更多的精神需求，其中的一个需求就是与大自然相亲近。这一目标在不同的领域中都有所体现，在服装设计领域也有一定的体现，表现为服装设计开始沿着人性化的道路前进，同时也开始引入一些自然理念。与此同时，人们购买、选择服装的标准也发生了变化，过去，人们一般都选择亮丽、造型夸张的服装，但是在今天，人们追求的是舒服自然、清新淡雅。很明显，人们现在追求的穿衣风格是一种自然主义风格，这给服装设计师以启示，其在进行绿色服装设计时，应该考虑人们的这种穿衣风格，注意在自然界中找寻这种自然元素，并将其运用在服装设计中。具体设计时，设计师应该避免使用复杂的设计语言，应该多使用一些简约的设计语言；同时在颜色的选取上应该慎重，应该多选择与自然界的颜色相接近的淡雅颜色；从选择面料的角度来看，应该选择一些比较舒适的面貌面料。做到这三点，绿色服装设计中的自然之义就能体现出来。

2. 简约主义风格的应用

人们购买服装总是有一种追求流行元素的潜意识，尤其是青年女性，她们总是用自己穿着的衣服彰显自己的时尚嗅觉。但是流行的时间是有期限的，且时间多半很短，这就让很多衣服在流行结束之后被人们"忘记"，也造成了浪费，同时也会给环境带来一定的不利影响。服装中的简约主义风格是一种诠释绿色服装设计理念的风格，这种风格的衣服能让服装生存的周期变长，这样就在一定程度上让环境的污染减少了。简约主义风格的设计重视对环境的保护，不浪费资源，旨在提升资源的利用效率。简约主义风格重在简约，因此，无论是从色彩的选择上来看，还是从服装的造型等其他方面上来看，设计师都要做减法。但需要指出的是，这里的简约并不意味着简单，简单只是一种形式上的诠释，而简约则是一种理念上的传达。

3. 环保主义风格的应用

在环境问题不断出现的今天，人们的环保意识明显增强，生活中人们总是自觉地进行环保理念，让生活变得更"绿色"。环保理念体现在不同的领域，其中，绿色服装设计中也能体现这一理念。环保主义主张废物利用，基于此，绿色服装设计要考虑的问题就是怎样实现衣服的再次被回收、被利用。当然，设计师也没有必要通过对被回收的衣服进行重新设计来体现环保理念，其也可以直接用环保材料设计、制作衣服。

(三) 绿色设计理念下的服装设计创新

1. 利用混搭或改造旧衣物实现旧衣新穿

旧衣服穿完之后没有必要丢弃，可以将属于同一种风格的旧衣服进行重新混搭，这样就能获得新的搭配效果，同时也能让旧衣服的价值得到了新的彰显。例如，人们可以在旧衣服上涂鸦，画上自己喜欢的、能表达自己个性的图案；可以将长牛仔裤剪短，然后再用剪刀剪出一些不规则的边角，这样就能获得一条崭新的牛仔短裤。人们不能局限于传统的衣服搭配方式，只要有丰富的想象力、较强的动手能力，人们利用不同的旧衣服也能实现不同的穿搭。

2. 利用服装固有色与肌理设计不同款式

每个人的审美不同，对服装的选择也是不同的，这就导致有些人就喜欢颜色绚丽的服装，有些人就喜欢颜色朴素的服装。在人们环境保护意识不断提高的今天，人们在选择服装时也更加倾向于一些原生态的服饰。原生态的服饰所使用的面料一般都是天然面料，因此，当把所有的面料汇聚在一起时，不同的搭配效果也就形成了。天然面料都有天然的纹理，设计师可根据服装风格的不同选择不同的天然纹理，如果设计师要设计的衣服风格是稳重风格的，那么其应该选择一些具有偏细纹理的天然面料，同时还可以在其中夹杂一些粗的线条，这样就能诠释出一种硬朗的感觉。

3. 利用服装边角料来组合拼制个性服装

设计师在制作衣服的过程中会剩下许多边角料，这些边角料也能被重新组合起来制作成个性化的服装。有些设计师没有意识到边角料的重要性，直接将其用作抹布。很明显，他们的行为是错误的，这首先是一种浪费，其次也没有挖掘出边角料的更多可能性。例如，设计师可以把不同颜色、不同形状的边角料剪裁在一起，这样就能形成一件极具个性的新衣服；可以用边角料缝制小玩偶、饰品等，然后这些小玩偶、饰品就能成为搭配衣服的良好辅助物。

二、可持续发展理念下的服装设计

能满足当代人的需求，同时又能满足后代人需要的发展，就是可持续发展。要实现可持续发展就是要实现经济、生态与社会三个方面上的可持续发展。尽管可持续发展理念是一个保护环境问题的理念，但在今天，它的内涵更加丰富，已经超越了环境保护，成为指导人们不断向前的重要发展理论。它将环境问题与人类的发展问题融合了起来，成为一个全面性的理念。

第一，经济可持续发展。经济发展依然是一个国家不断发展的基础，这就意味着我们所认为的经济可持续发展并不是要绝对地放弃经济的发展。这里的经济的可持续并不是从经济增长的数量上体现出来，而是从经济发展的质量上体现出来。过去，人类的生产模式与消费模式具有明显的"高投入、高消耗、高污染"特征，这一模式显然无法让人类获得更好的发展，可持续的经济发展要求必须转变这一陈旧的生产模式与消费模式，重视清洁生产与文明消费。

第二，生态可持续发展。人类要发展，这是必然的，但是所有的发展应该是在保持与自然相协调的基础上进行，必须要对自然资源予以保护，不能牺牲环境来发展经济。其实这也在表明，发展是有条件的，是有限制的，没有条件、没有限制的发展就不是可持续发展。生态可持续发展主张对环境的保护，认为人们应该转变过去的发展模式，要在尊重与保护环境的基础上发展。

第三，社会可持续发展。世界各国处于不同的发展阶段，因此其发展的目标也存在明显的差异，但是如果从人类发展的本质上来看，大家追求的东西是一样的，都只求高质量的生活，都追求健康的身体，都想要一个和平的生活环境。

从上述分析可知，在人类可持续发展系统中，经济、生态与社会都有了自己的角色，其中，经济是基础，生态是条件，而社会则是目的。

（一）可持续发展理念下的服装设计思路

1. 以作用为角度的设计分类

（1）教育型设计。在服装设计中能揭示社会现象，并借助服装语言展开批评、规劝与引导的设计互动就是教育型设计。在这类设计活动中，设计师重点要做的就是激发消费者的观念意识。教育型设计可以从不同的方面上体现出来，但其主要是从语言符号的应用设计上体现出来，因为人类的交往，语言符号才是最为核心的介质，人类通过语言能完成不同形式的交往。这些语言符合可以被应用于可持续服装设计中，能传递设计师的设计理念，同时也能传达信息。

（2）变革型设计。能突破原有的服装设计领域，推动服装设计变革的服装设计活动就是变革型设计。这类设计往往利用一些小规模组织形式产生较大的影响，这种影响甚至并不仅仅局限在设计领域，它甚至可以波及更广泛的范围，促进不同地域文化的发展。变革型设计最大的表现就是通过改变设计理念、方式实现对整个产业的革新，并最终实现产业转型。

（3）活动型设计。在设计过程中可以对政治、经济、社会等产生积极作用的设计活动就是活动型设计。与普通的产品设计不同的是，活动型设计展现的形式是特殊的，它是通过社会活动展现设计过程、手段与成品的。活动型设计视图将设计与不同形式的社会活动整合起来，发动群体的力量展开时尚变革。

（4）企业型设计。在保证经济效益与环境效益的基础上获得最大收益的设计活动就是企业型设计。在进行企业型设计时，设计师的任务是明确的，其需要尽自己的最大可能将隐藏的商业契机挖掘出来，并通过设计活动将这一商业契机具象化。

2. 以功能为角度的设计要素

（1）以情感要素为依托的耐久性功能设计。利用恰当的选材使产品可以抵抗环境与人带来的破坏的设计活动，就是耐久性功能设计。这一设计有一定的基础条件，这里的基础条件主要包括两个，一个是材料性能的耐磨性，另一个则是服装工艺的精细。不过，需要强调的一点是，要想让服装的使用年限延长，仅仅依靠产品本身的品质显然是不够的。另一个重要的条件是人与产品之间的情感联系，服装在被设计、消费与穿戴的过程中，它是与能够与人建立一种情感联系的，正是这种情感联系让人们爱惜服装，从而使服装的寿命延长。可以说，以情感要素为依托的耐久性设计，在让服装寿命得以被延长的同时，也在服装与人之间建立起了比较强的情感联系。

（2）以文化要素为基础的可持续发展设计。服装可持续发展的一个重要方面就是文化的传承，从这个方面上来说，在进行服装设计时，设计师应该从文化中汲取影响，将各种文化要素反映在服装中。这样，服装就成了文化的载体，人们在对服装进行研究时就能梳理出人类文化的发展史。也正是因为如此，服装就能将传统文化传承与传播下去。设计师在进行以文化要素为基础的可持续发展设计时，首先应该对文化有清楚的了解，并在全面了解文化知识的基础上将各种文化要素应用在服装设计中，从而使服装更具文化内涵。这种做法是一种十分积极的做法，在促进地域文化传播的同时，还能带动地方产业的发展。

（二）可持续发展理念下的服装设计方法

1. 适应性的设计方法

适应性的设计方法要求设计师必须要具有观察市场的能力，必须要对市场的所有变化做到全面掌握，同时还要对消费者的不同需求予以满足。在开展具体的设计活动时，设计师应该使用连续变化的设计思维，并将这一思维运用在设计活动的每一个环节中，这样，其所设计的服装才能满足不同消费者的需求。这一设计方法是一种突破传统设计思维定式的方法，丰富了服装造型，更是能给予人们多样的视觉感受。

（1）联想法。在可持续服装设计中，对所有可能存在的问题展开联想的方法就是联想法。设计师在设计的初始阶段就会对在产品制作、使用与回收环节中可能存在的问题予以考虑，很明显，这反映了设计师的前瞻性。下面从以下三个方面进行具体说明：

第一，从设计方面的联想来看，设计师应该用长远的目光对设计进行审视，同时还要提前考虑市场变化开展设计活动。

第二，从材料方面的联想来看，设计师应该意识到材料在诠释设计理念方面的重要性。为了让自己的设计理念得到很好的传达，应该想尽一切办法找到最为合适的材料，最好这种材料不仅能使资源消耗问题得到解决，而且还能使环境污染问题得到有效避免。

第三，从回收方面的联想来看，设计师应该对旧衣服回收的流程予以准确了解，同时还要关注衣服回收完毕之后的再次设计问题。

（2）拆解组合法。设计师可以进行服装独立部件的设计，消费者则可根据自身实际的穿着需求将不同的服装部件进行组合。不过，需要指出的一点是，因为服装需要进行不同的拆分与组装，因此，设计师在面料的选择上应该慎重，应该选择那些稳定性好，且弹性比较小的面料。这样，在消费者一次次的组合中，这些服装部件就还能依然保持其原本的样子。

（3）模块化。根据服装的部位结构进行分割，并以块状的形式将这些部位结构进行重新组合，这就是模块化设计方法。这是一种更加细化的设计方法，与拆解法相比，它能让消费者获得更加多样的穿搭。更为重要的是，现代设计市场变化极快，运用这一设计方法可以缩短产品设计与制造周期，从而使产品的质量能获得显著提高。要想取得模块化设计的成功，必须要考虑好人体活动的所有部位，尤其是关键部位，更要注意模块间的连接，只有注意到这些问题，才能使服装的使用年限变长。也正是因为要追求更长的使用年限，设计师选择的面料应该是那种非常柔软且耐磨的。

2. 零浪费的设计方法

设计师在进行可持续服装设计时应该将在设计过程中可能出现的各种浪费、污染等问题纳入自己的设计思考体系中，这就是零浪费设计，是一种减少设计废物产生的设计方法。实现零浪费设计的手段具有多样性，主要体现在以下方面：第一，对传统服装制作方式进行必要的改革；第二，利用新的科学技术对设计中产生的各种废物了解清楚；第三，优化生产环节，减少成本，提高生产效率。

（1）零浪费立裁法。零浪费立裁法是指试图利用几块完整的布在人台上进行模拟人体制衣。根据服装内外空间量的把控，形成自然的褶裥或者廓形。在这一过程中不会产生多余的布料及纸板浪费，只需进行缝合便可制作成衣。零浪费立体裁剪的实现方式有以下三种：

第一，斜布纹裁剪，斜布纹裁剪是指将布斜倒根据斜纹进行裁剪，裁剪的过程中不形成多余的布料浪费，并且使服装贴合人体曲线。

第二，负形裁剪，负形裁剪是一种中空结构创意裁剪手法。其制作手法是先将整块面料缝合成一个筒形，在上层面料减去一部分形状，即负形状，身体从剪去的负形状中穿过去，就完成了设计造型。

第三，折纸裁剪法，折纸裁剪法是指以折纸艺术为灵感，通过折叠的手法在不产生余料的前提下，减少缝合的工序。

（2）拼图式纸样法。拼图式纸样法是指依据布料幅宽大小将服装各个部件的版型排列在一个完整的面中。在零浪费纸样中，面料的幅宽是一个关键因素，其将为零浪费纸样设计提供空间。因此在拼图式纸样设计中，需要反复检视布料幅宽内的使用率，设计构思也要随着版型的反复推敲进行修改，以确保设计美感与零浪费生产之间的平衡。其要求设计师在设计的最初阶段就要做到精准地把握服装的最终效果，充分考虑到每个裁片的形状，并对面料进行详细的规划、排版。这种设计方法需要花费大量的人力与时间进行反复实验，但是一旦纸样模板实验成功，企业不仅可以通过这种方式极大的节约生产成本，而且就整个时尚产业而言，这种做法可以预先消除每年成千上万吨的裁床余料垃圾。

（3）创新技术法。以创新技术为支撑开展设计活动的方法就是创新技术法。对于服装集团来说，立裁和纸样的服装设计方法是无法满足服装集团的要求的，而且，零浪费设计方法在使用过程中还需要不断的修正，就是在一次次的修正中，许多人力、物力资源被浪费了。但服装集团的主要目的就是盈利，如果许多资源被浪费，那就会提升成本，因此，立裁和纸样这种服装设计方法是绝对不可能被用于大规模批量生产的。服装集团要想获得盈利，同时还要避免各种浪费，那么就可以引入一些新的技术，用技术来解决这些问题。

第一，DPOL技术。悉达多·乌帕德亚雅发明了DPOL技术，这一技术打破了由织布到裁剪再到缝纫的传统生产流程，让一些没有必要的环节省略了，这不仅能节约人力成本，而且还能节约时间成本，甚至能实现零浪费生产。可见，这一技术在节约各种成本的同时提升了企业的利润，让企业在激烈的市场竞争中仍然具有优势。

第二，PET再生制造技术。这是一种对回收的PET塑料进行再次加工、使用的技术，这种技术会对回收的塑料瓶进行处理，这里的处理环节包括切碎、清洗与融化环节，之后就能获得再生涤纶纱线。这一技术是对服装面料的一次革新，过去所使用的原生涤纶被某些企业"抛弃"了，人们现在使用的是PET再生制造技术所制造的再生涤纶纱线。这就有效地避免了资源的浪费问题与环境的污染问题，同时也让设计师的设计理念在技术、新材料的支持下得以实现。

第三，Recycrom回收染色技术。对服装、纤维材料和纺织废料予以回收，再将其粉碎成粉色粉末，之后利用可持续的化学品对其加工，之中利用水洗工艺获得新的面料，这就是Recycrom回收染色技术。这是一种突破性的技术，它让旧衣服也能变成染料，让许多旧衣服都能找到合适的"归宿"，同时也能为可持续服装设计提供了更加多样的染色方法支持，让设计师的服装设计有了更多的可能性。更为重要的是，这一技术让许多有害物质大量减少了，这显然对人类的健康是有益处的。

3. 升级再造的设计方法

升级再造是指将人类活动过程中产生的废物资源进行回收再利用。其不同于等级回收和降级回收，是通过设计赋予废品或废旧材料价值增值的一种方法。

（1）剪贴法。剪贴法是指将回收来的废旧材料，依据设计构思裁剪形状并拼贴成服装或者其他艺术用品，是结合传统手工艺进行设计制作的方法。剪贴法在服装设计课程理论教学里得到了广泛的运用，是许多学生和青年设计师用来寻找设计灵感及对设计概念做出初步尝试的有效方法。其中也包含着设计师对剪纸艺术的理解。剪纸艺术包含着中华传统文化中对动植物、大自然的图腾崇拜和对色彩的独到见解。因此，其在服装可持续设计中的应用可以产生意想不到的艺术效果。

（2）镂空法。镂空法在是指通过剪切、撕扯、烧花等方法对局部损坏或者有瑕疵的废弃材料进行设计处理的方法。不同于剪贴法和编织法的叠加效果，镂空法以凹陷的处理方式形成内外空间互融的设计效果。镂空法以破坏材料的结构来达到修复、升级利用的目的，因此，废弃材料剪切口的处理是衡量设计优劣的关键点。

4. 旧衣再生的设计方法

（1）拼接刺绣。拼接与刺绣是传统服装修补最常用的方法，例如明代水田衣，为孩童祈福的百家衣，僧人穿着的百袖衣等，都是将废旧服装进行拼接再利用的典型代表。传统刺绣按地域分有苏绣、蜀绣、粤绣、湘绣，按民族分有苗族绣、侗族绣、彝族绣等。拼接的手法较为单一，主要分拼布与贴布两种。刺绣的表现手法比较多样，有错针绣、乱针绣、网绣、满地绣等。将拼接与刺绣方法结合运用到废旧服装的再生设计中，有利于传统文化的继承与发扬，并且拼接与刺绣的表现手法独特，能够增加设计的艺术美感。其设计的关键点是色调的合理搭配，避免色彩冲突或者过于混乱。传统拼接与刺绣艺术的文化内涵深厚，在可持续性服装设计中的应用，是现代发展理念与传统文明的碰撞与融合。

（2）解构重构。解构与重构是指将一件或者两件以上的服装原有结构分解成独立的部分，然后将这些独立的部分重新进行组合，构造出一件全新的、不同的服装，是一种基于服装结构的破坏与重组的设计方法。其重点强调的是设计对象中的个体部件的造型与个体结构本身的重要性，对个体造型的研究比对整体结构的研究更加重要。对款式造型、缝制工艺、色彩图案等的解构与重构赋予废旧服装再生意义。解构与重构设计方法中蕴含着对时尚传统发展模式的反叛精神，看似混乱无序的结构背后是对可持续发展理念的理性继承，为设计师解构传统设计形式提供了崭新的思路，具有很强的创造性及感染力。

参考文献

［1］ 安妮，王佳. 3D打印技术对服装定制业的影响初探［J］. 上海纺织科技，2015，43（5）：1-4.

［2］ 曾丽. 服饰设计［M］. 上海：上海交通大学出版社，2013.

［3］ 冯利，刘晓刚. 服装设计概论［M］. 上海：东华大学出版社，2015.

［4］ 高飞燕. 3D打印和数码印染技术在服饰设计中的应用比较［J］. 染整技术，2018，40（7）：61-62，70.

［5］ 何璐. 新时期服装造型设计思维的探究［J］. 湖北第二师范学院学报，2015，32（11）：55.

［6］ 贺雪雪. 面料再造设计在服装设计中的应用［J］. 艺术品鉴，2020（8）：67.

［7］ 黄有望. 流行美术图案在服装设计中的应用［J］. 染整技术，2018，40（2）：52-54.

［8］ 金铭. 虚拟服装的时尚［J］. 疯狂英语（新悦读），2023，1315（2）：18.

［9］ 李同长. 解构主义在服装设计中的应用研究［J］. 纺织报告，2022，41（9）：63.

［10］ 李彦. 服装设计基础［M］. 上海：上海交通大学出版社，2013.

［11］ 罗亚娟. 论首饰与服饰搭配的关系及效果［J］. 中国科技纵横，2010，（9）：321.

［12］ 毛敬. 立体裁剪技术在创意服装设计中的应用研究［J］. 轻纺工业与技术，2021，50（10）：57.

［13］ 米雅明. 服装设计基础［M］. 北京：北京师范大学出版社，2015.

［14］ 彭慧. 面料性能对服装造型设计的影响研究［J］. 化纤与纺织技术，2021，50（5）：108.

［15］ 邵新艳，李晓晓. 服装创意造型设计方法的实践探索［J］. 丝网印刷，2022（1）：71-73.

［16］ 王利娅. 服装色彩设计影响因素研究［J］. 毛纺科技，2017，45（11）：58-61.

［17］ 王明昱，朱华. 符号学在服装设计中的应用［J］. 教育教学论坛，2013（43）：80.

［18］ 王苏娅. 基于绿色发展理念下的服装创新设计研究［J］. 棉纺织技术，2023，51（5）：102.

[19] 王晓倩，李佳妮. 基于可持续背景下裁剪技法的应用研究 [J]. 西部皮革，2021，43（6）：4.

[20] 魏建华. 立体裁剪技术在服装制版设计中的实践应用 [J]. 化纤与纺织技术，2021，50（10）：111.

[21] 魏薇. 传统图案在服装设计中的应用探析 [J]. 化纤与纺织技术，2022，51（12）：151.

[22] 肖琼琼，肖宇强. 服装设计理论与实践 [M]. 合肥：合肥工业大学出版社，2014.

[23] 肖燕. 传统戏曲人物造型设计中的符号学原理简析 [J]. 戏曲艺术，2017，38（2）：133.

[24] 谢代邑. 流行元素——时尚色彩图案在服装设计中的应用 [J]. 染整技术，2018，40（5）：46-49.

[25] 谢佳音. 立领的平面制版与立体裁剪技术研究 [J]. 西部皮革，2022，44（20）：16.

[26] 熊美婷. 仿生在服装设计中的应用研究 [D]. 北京：北京服装学院，2010：5.

[27] 徐天宇. 浅析面料再造设计对于服装设计的提升 [J]. 科技资讯，2020，18（11）：209.

[28] 许岩桂，周开颜，王晖. 服装设计 [M]. 北京：中国纺织出版社，2018.

[29] 闫睿鑫. 流行色在服装设计中的应用分析 [J]. 鞋类工艺与设计，2022，2（8）：6.

[30] 晏栖云. 仿生元素在服装设计中的融合与应用 [J]. 化纤与纺织技术，2021，50（8）：125.

[31] 燕平. 服装款式设计 [M]. 重庆：西南师范大学出版社，2011.

[32] 姚莉萍. 面料艺术性在服装设计中的运用 [J]. 天津纺织科技，2011（1）：40.

[33] 张婷婷. 3D 打印技术在构建参数化服装新形态中的设计研究 [D]. 无锡：江南大学，2018：17.

[34] 张中启. 现代实用服装纸样设计与应用：女装篇 [M]. 北京：中国纺织出版社有限公司，2019.

[35] 张周来. 浅谈服装设计中的立体裁剪技术 [J]. 黑龙江纺织，2020（3）：22.

[36] 周莉，莘月，张龙琳. 基于 3D 打印技术的服装设计探析 [J]. 装饰，2014，（5）：88-89.